经典意大利菜

〔日〕落合务 著　　沈佳艳 译

北京科学技术出版社

在这里，我将不厌其烦地教大家烹饪原理。不明白烹饪原理，就无法做出美味料理。

经常会有人跟我说，"看了落合先生的书后，我也能做出好吃的意大利面了。"虽然听到类似的话很高兴，但是我认为他真正的意思是："按照您说的做法，我做的意大利面不难吃了。"只是不难吃而已。

为什么我会这样认为呢？因为每次在电视上或者其他场合教烹饪的时候，我都会说："做蛋黄培根意大利面（参见本书第 44 页）时，需要重复几次把平底锅从火上移开，再放回火上的动作，面才会变得顺滑黏稠。"而每次观众都会很配合地发出惊叹。事实上，我已经这样教了十几年了。

无论在书中也好，电视上也好，抑或是在料理培训班上，明明我已经大声地说过"意大利面应该这样煮""这样将意大利面和酱汁混合在一起"很多次了，大家还是会像第一次听似的发出惊叹。为了真正让大家印象深刻，我不会只是叮嘱，而是会严肃地说："现在发出惊叹的人，一看就没有在家里吃过好吃的意大利面。"只有这样说，大家才会认真听讲。

比食材更重要的是手法！

最近我发现，许多家庭用的食材都比我店里用的高级。作为专业厨师，除了好吃，我还必须考虑成本问题。所以，要做出更高水准的料理，我们只能依靠自身的看家本领了。

无论多么高级的食材，关键还是得看烹饪手法。如果本领不到家，即使用难得的优质日本土鸡肉，也不会烤得太好吃。

那么，这个"手法"指的是什么呢？其实就是经验、知识（原理）、技术三样东西。经验和技术需要在实践中积累，但是光会做是不够的，只有了解其中的知识（原理），才能达到完美。

炒蔬菜汁水过多的原因是什么？

炒、煎等料理方法是通过加热食材使其中的水分蒸发，从而让食物的滋味浓缩。在这里，对于火候的掌控是非常重要的。如果不明白这个道理，只是机械地翻动锅内食材，是做不出美味的。

大家烹炒蔬菜就是很好的反例。回想一下，你们做的炒蔬菜是不是像煮出来的一样，有很多汁水呢？

问题的关键就在于火候。炒蔬菜时会有水分渗出，需要用大火来让这些水分蒸发掉。然而，家用的燃气灶火力明明不大，大家却还要担心菜会被烧焦，只敢开小火，然后用筷子小心翼翼地翻炒，这样菜渗出的水分就全留在锅中了。

那么，正确的做法是什么呢？首先要用一个大的平底锅，这样才会保证均匀受热，并注意一次不要放入过多的蔬菜。然后，将火力开至最大，炒的过程中不要过度翻炒。只要明白了"炒＝水分蒸发"这个道理，相信任何人都能做到吧。明确目标并努力实现就是料理的终极意义。

本书介绍的料理并不多，但是每道料理的组成、每一个烹饪步骤都写得很详细，并且点明了烹饪原理。我希望大家不仅仅是跟着食谱去烹饪，而要去理解其中的原理，明白为什么要这样做。这样的话烹饪水平一定会有极大的提高。

本书精选了传统意大利料理、大家喜爱的料理、我喜爱的料理、值得人人都学会的料理作为讲解示例。希望它们变成你的拿手菜，几年、几十年，可以一直做下去。

目录

Ⅱ　　在这里，我将不厌其烦地教大家烹饪原理。
　　　不明白烹饪原理，就无法做出美味料理。

第一章　意大利面 Pasta

2　　　做意大利面的基本功

　　　A 做酱汁——非常关键的一步

　　　B 煮意大利面

　　　C 与酱汁混合

　　　D 吃意大利面

10　　蒜油意大利面

14　　蔬菜芝麻蒜油意大利面

18　　蛤蜊意大利面

22　　帕玛森奶酪番茄酱意大利面

26　　微辣番茄酱意大利面

30　　山珍风味金枪鱼番茄酱意大利面

34　　生火腿芦笋奶油意大利面

38　　鲜虾番茄奶油意大利面

42　　蛋黄培根意大利面

46　　传统番茄肉酱意大利面

第二章　前菜 Antipasti

52 番茄罗勒布切塔

55 随心配 新鲜番茄酱通心粉

56 薄切生鱼片

60 海鲜沙拉

64 火腿慕斯、三文鱼慕斯

68 欲做出美味料理，必先掌握乳化技巧！

69 乳化入门：沙拉调味汁

第三章　主菜 Secondi

72 煎肉的基本功

　　A 调整肉的厚度

　　B 腌制入味

　　C 一面煎至八分熟

74 鱼肉、鸡肉和猪肉的煎制方法都一样

76 巴萨米可醋风味煎猪里脊

80 塔塔酱风味煎白身鱼

84 恶魔煎鸡

88 切片鸡胸肉佐鸡肉酱

92 随心配 1 鸡胸肉三明治

93 随心配 2 鸡胸肉沙拉

94 意式炸猪排

98 猎人风炖鸡

102 食谱中装不下的重要注意事项

第四章　甜品 Dolce

106 草莓慕斯

110 巧克力慕斯

114 水果冷汤

118 罗曼诺夫

﹢计量单位：1 量杯 =200mL、1 汤匙 =15mL、1 茶匙 =5mL。均为与容器口持平状态下的容量。

﹢本书中均使用 EXV 橄榄油（特级初榨橄榄油），以下简称橄榄油。

﹢本书中的黄油均指无盐黄油，若您家只有有盐黄油，也可代替使用（第 66、67 页除外），不必特地购买。

第一章
意大利面Pasta

先将酱汁锅放在餐桌上，意大利面煮好后端过来倒入锅中，不等搅拌均匀，大家就迫不及待地开吃了——普通的意大利家庭就是这样吃意大利面的。在日本，很多人会先用平底锅做酱汁，然后习惯性地就会把面也倒进去。其实，意大利面不需要炒，只需要与酱汁混合搅拌即可，否则就变成炒面了。因此，最好用一口深锅来做酱汁，这样搅拌起来也更加方便。

酱汁可以用薄锅煮，但为了保证味道，建议大家最好用有一定厚度的锅。

做意大利面的基本功

做酱汁——非常关键的一步

你说你已经会做意大利面了？

你确定吗？听了我的讲解后，

如果有人说："什么？我怎么没听过？"

就说明他在家里吃的意大利面不是真正的美味。

下面，就从掌握基本功开始吧。

　　想吃意大利面，第一步是做酱汁，这一点是我经常强调的，但还是有很多人不知道。酱汁做好后可以放着，但是意大利面不行。所以要从"经得起放置的酱汁"开始做。感觉酱汁还有 2 ～ 3 分钟就能制作完成的时候，才能开始煮面。如果酱汁比意大利面先煮好，那么就关火，静等意大利面出锅。

像蒜油（参见本书第 12 页）这类原料较少的酱汁，可以用平底锅来做。注意要让大蒜的香气充分融入橄榄油中（为了防止变焦，煎香的大蒜要立即取出）。在酱汁即将做好时开始煮面。

像山珍番茄酱（参见本书第 32 页）这类原料较多的酱汁，就要取一口深锅来做。同样，感觉酱汁快要做好时，再开始煮面。

B

煮意大利面

◎煮面时加入盐是有原因的

为什么在煮意大利面的时候，要往热水里加盐呢？因为意大利面中不含盐。乌冬面、素面、凉面等一般含有盐，只蘸鱼露汁吃也毫不逊色。但是意大利面中没有盐分，仅仅配合酱汁的话还不够有味。如果意大利面本身没有味道，即使酱汁再好吃，味道也是失衡的。所以，煮面的时候要加盐进行调味。

如果煮2人份（约160g）的意大利面，大约需要3L热水、45g盐。可见，盐的用量还是很大的。建议第一次时用电子秤精确称量，然后目测盐的用量并记住它。

◎一定要等水沸腾后再加入盐

我们煮面时，总想让意大利面全部没于热水中，所以一般会往深锅中加很多水。其实，完全可以用大一点的平底锅，将意大利面横着放进去。注意！一定要等水煮沸时，才能加入盐。

◎等酱汁快要做好时开始煮面

虽然已经说过好几遍了，但还是要切记开始煮面的时间是"酱汁快要做好的时候"。如果还不习惯，就等到酱汁完全做好后再煮意大利面。煮面期间，酱汁锅不要继续加热。

◎立刻进行搅拌

意大利面放入锅中后，要立刻进行搅拌，大约持续15秒。搅拌过程中要把粘连在一起的意大利面一根根分开。这个步骤做好了，后面会比较轻松。

请注意，如果不好好搅拌，意大利面出锅后就可能有好几根粘连在一起的情况。

◎热水保持冒小泡即可

放入意大利面后，没必要将水烧得冒大泡。可以调节火力，保持热水稍微沸腾即可，让意大利面们舒舒服服地被煮熟。

◎建议"时间煮短一点"的理由

包装袋上一般会标明最佳烹煮时间。大家是不是会按照标明的时间先煮面，然后慢条斯理地将面与酱汁混合搅拌，再慢条斯理地端上餐桌，大喊一声"开饭啦"，4～5分钟后家人才会坐上餐桌？其实在这期间，意大利面还有大量余热，不难想象当真正吃到嘴里的时候，意大利面已经熟过头了。

如果包装袋上写的是"6分钟"，我们专业厨师一般只煮5分30秒左右。剩余的加热过程就在混合酱汁、装盘、端上桌的时候利用余热完成。大家也可以根据自身的实际情况，比包装袋上标注的时间少煮30～60秒。

C 与酱汁混合

用平底锅制作酱汁时

◎意大利面沥干后再倒入酱汁锅

将意大利面和酱汁混合不是那么简单的。特别是使用油状酱汁时，我们专业厨师也很难一次拌出 2 人份以上的量。所以意大利面每次只能做 1 ~ 2 人的量。

煮好的意大利面要沥干后再倒入酱汁锅中，注意这时不要开火。如果意大利面带有水分，与酱汁混合后会破坏酱汁的味道和黏稠度（其中的原理参考本书第 11 页）。

◎只需搅拌即可

将意大利面加入酱汁中以后，只需要用夹子、长筷子或者叉子等划圈搅拌即可，不需要转动锅子，也不需要上下翻动。

如果是炒饭的话，不上下翻动就无法混合均匀。但是在这里，由于酱汁中含有水分，搅拌就能使酱汁均匀附着在意大利面上。

◎让面自然落入盘中

装盘时，一开始不用拿起平底锅，只需用夹子夹起意大利面，任其从高处自然落入盘中，就能码得漂亮。意大利面装完后拿起平底锅，将锅中的配菜倒在表面即可。

用深锅做酱汁时

◎ 在餐桌上混合更美味

在人数很多的情况下，可以直接把酱汁锅端到餐桌上，然后将意大利面一下子倒入锅中，快速搅拌后大家一起分食。大家也不妨尝试一下这种意大利家庭的吃法。"哥，你怎么夹走这么多！""我从酱汁做好就开始等了！"像这样热热闹闹地享用美食才是吃意大利料理该有的样子。

如果你还是想搅拌均匀后再端到餐桌上，那么就同用平底锅做酱汁的情况一样，在锅中划圈搅拌，直到酱汁均匀地附着在意大利面上，然后装盘即可。

D

吃意大利面

可能有点自卖自夸，但是这道意大利面真的非常好吃，我开动啦！

将叉子叉进高高隆起的部分，挑起能一口放进嘴巴的分量（大约6～7根）。

放到靠近自己的碗沿上，然后一圈一圈地卷起来（为了方便大家看清，我放到了离大家更近的一侧）。

　　将面卷成一口的分量，这样吃起来很优雅。如果一次性取太多就无法卷得这么好看了。

　　若意大利面卷得太厚，没有一口全部吃下，导致意大利面掉落或者需要用嘴吸意大利面等，都是违反用餐礼仪的行为。

　　配菜可以用叉子叉起来单独吃，或者和少量的意大利面一起享用。如果你真的喜欢意大利面，就应该掌握正确吃法。让我们更优雅地吃意大利面吧。

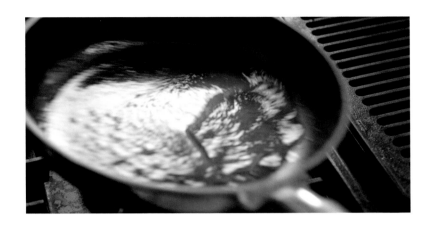

◎蒜片小火煎香

相信大家都知道蒜油意大利面吧？蒜油是意大利料理的基础酱汁，看似简单，但是想要做出专业级别的可不简单。

要点一是煎香蒜片。橄榄油（常温）倒入锅中，放入蒜片，开火，煎至蒜片酥脆，色泽金黄。这一步比预想的更费时间，一定要耐心等候。万一火候过头，蒜片焦了，就要做好从头开始的准备。

◎"油"与"水"的紧密结合＝乳化

要点二是酱汁乳化。请仔细想想，这个酱汁的主要成分是橄榄油，而将煮熟的意大利面放入酱汁时，水分就被带入了。那么，油和水这不相容的二者如何结合在一起呢？这时就需要乳化。在这一过程中，乳化剂是必需的。

煮意大利面的汤中含有淀粉，这是第一种乳化剂。橄榄油中加入煮意大利面的汤，轻轻晃动平底锅，就会变成白色黏稠的酱汁。但是到这一步还没有完全乳化，只能算是半成品。然后大家是不是就放入意大利面，点火开始炒了呢？这样做的话，你会听到锅里传来噼里啪啦的声音，这意味着酱汁中的水分正在蒸发，也就是通常所说的"水油分离"现象。失去了水分的酱汁中只剩下油，因此意面也会变得油乎乎的。所以加入意大利面后不能开火，请千万要忍住。

还有一点，我们专业厨师放入意大利面后会加入黄油或奶酪。可以帮助酱汁更好地乳化，使酱汁均匀包裹住意大利面，让意大利面顺滑又美味。原理都明白了吗？接下来就是实际操作啦！

蒜油意大利面

材料（2 人份）

长形意大利面 ············· 160g
  水 ····························· 3L
  盐 ····························· 45g
<蒜油酱汁>
  橄榄油 ····················· 60ml
  大蒜 ························· 4 瓣
  红辣椒（掰成两段并去籽）
  ····························· 2 根
煮意大利面的汤 ······· 约 60ml
黄油 ························· 10g
欧芹（切碎）············· 适量

◎ 帕玛森奶酪可以代替黄油作乳化剂，效果也是一样的。

◎ 因为煮意大利面的汤中有盐，与橄榄油混合后酱汁的咸度应该正合适。

要点

蒜片煎至微微金黄。煎好后可取出，最后作为点缀。

红辣椒要保持鲜红，煎好后可取出，最后可放可不放。

一定要让橄榄油酱汁均匀附着在意大利面上。这样看起来油亮 Q 弹，令人垂涎欲滴！

1

大蒜均匀切成 4 片。
切成碎末容易焦，所以最好切成片状。大蒜芯也容易焦，最好去除。

2

关火状态时平底锅中倒入橄榄油、放入蒜片，锅微微倾斜。
蒜片接触锅底容易焦，所以要倾斜平底锅让蒜片在油中浮起来。

3

先开大火。
放入食材后一定要开大火，这是制作料理的基本常识。控制火候十分关键，如果感觉锅中温度过高，可以将锅从火上移开，待稍稍降温后再放回去。

4

待油锅大量冒泡后转小火。
蒜片中的水分进入油中，产生了大量气泡，此时转小火。

5

蒜片煎至色泽金黄、酥软，大概需要 3~4 分钟。
蒜香四溢，这就是蒜片熟透的最好证明。此时蒜片中的水分已完全蒸发，表面微微金黄。

6

完成！关火！

如果用竹签可以轻松穿透蒜片，就说明蒜已经熟透了。蒜片易焦，煎好请立刻取出，可以最后用作点缀，不吃也行。

7

油温降低后放入辣椒段。

这时需要关火，注意辣椒也不要煎焦。轻轻晃动锅子，能闻到辣味后马上取出。

8

酱汁快要做好了，开始煮面吧。

另起锅，将意大利面放入热水中，搅动 10 ~ 20 秒，使意大利面互不粘连。

9

待酱汁恢复常温后，加入少量煮意大利面的汤。

酱汁温度还很高的时候不能加入汤，否则汤中的水分会蒸发，发出噼里啪啦的声音，这样的汤就无法充分起到乳化剂的作用了。

10

慢慢画圈晃动平底锅。

保持关火状态，轻轻晃动平底锅，使油分子分散变小，均匀地包裹住水分子。随着油水相融，酱汁会逐渐变得黏稠。

11

多次加入汤汁，直至蒜汁变得黏稠。

汤要分多次加入（一般在 3 次左右），每一次都要耐心地晃动平底锅，待其与蒜油充分融合后再继续加入。加入的汤汁总量应与蒜油相当。

12

待意大利面煮好后将其沥干，加入酱汁中。

意大利面所带的水分会使酱汁分层，所以一定要沥干。切记此时不能点火。用夹子等工具充分搅拌。

13

加入黄油，有助乳化。

用手指稍微让黄油熔化，放入锅中，然后搅拌，让它和意大利面混合均匀。根据个人口味，最后还可加入欧芹、生菜或者水菜。

14

瞧！出锅后锅底很干净吧。

这说明酱汁得以充分乳化，并且全部附着在了意大利面上。大家也要以此为目标呀！切记 9 ~ 13 步不要开火！

◎加入芝麻，帮助乳化

这道意大利面用的也是蒜油酱汁。使用这个酱汁的意大利面需要让油与水融合在一起，专业厨师都很难做好。所以需要加入乳化剂，这在第 11 页也提到过。

一般来说，加入黄油或者奶酪作乳化剂后，酱汁就能牢牢附着在意大利面上了。而意大利料理店一般会进一步使用乌鱼子（意大利名是 Bottarga）粉末。如果有人送你乌鱼子，可以擦成粉末加入到蒜油意大利面中，能够起到很好的乳化作用，做出美味的意大利面。像乌鱼子这样含有少许油分的蛋白质是乳化剂的不二之选。

对普通家庭来说，我极力推荐用芝麻碎做乳化剂。芝麻在厨房中很常见吧？在最后的搅拌阶段加入芝麻碎，能起到乳化剂的作用，这样的话具有一定难度的蒜油酱汁也能变得超级可口。

◎搭档蔬菜也是绝配

蒜油酱汁只是基础中的基础，意大利人一般不会只用这个拌意大利面吃，而是会搭配一些蔬菜。

任何家庭的冰箱中都会有一些常备蔬菜吧？可以将它们充分利用起来。生菜、水菜、芝麻菜等可以生吃的蔬菜，在最后一步倒入即可；西蓝花和芦笋可以事先和意大利面一起放在开水中煮熟；茄子和番茄则可以放入酱汁中加热至熟软。

这道料理也可以叫做芝麻风味的冰箱常备蔬菜意大利面。这道香味四溢的美味，只有在自己家中才能享受到。

蔬菜芝麻蒜油意大利面

材料（2 人份）

长形意大利面 ··············· 160g
┃ 水 ··························· 3L
┃ 盐 ··························· 45g
< 蒜油酱汁 >
┃ 橄榄油 ·················· 60mL
┃ 大蒜 ······················· 2 瓣
┃ 红辣椒（掰成两段并去籽）
┃ ····························· 半根
煮意大利面的汤 ······ 50～60mL
芝麻碎 ······················· 2 汤匙

< 以下用量仅供参考，具体可根据实际情况调整 >
┃ 樱桃番茄 ·················· 6 个
┃ 芦笋 ······················· 2 根
┃ 西蓝花 ·················· 1/4 棵
┃ 大葱（葱白部分）······ 1/2 根
┃ 水菜、芝麻菜、嫩玉米
┃ ····························· 适量

◎ 将蔬菜切成适口大小。芦笋和嫩玉米等可以斜切成适口大小，西蓝花切成小块，大葱斜切成丝。

要点

生吃类蔬菜要最后一步加入，口感更爽脆。

樱桃番茄微微煎熟，美味加倍。

芝麻的醇香，是此酱汁的一大亮点。

1 制作蒜油酱汁的第一步——煎蒜。将大蒜均匀切成 4 片后放入平底锅中，倒入橄榄油。锅微微倾斜，开大火。油中出现大量气泡后转小火，煎 3～4 分钟，直至蒜片完全熟透。

2 关火，稍等片刻后加入红辣椒。等油温下降后才能加入红辣椒，否则会煎焦。等 1～2 分钟后，辣味渗透进油中，便可以取出辣椒和蒜片了。

3 加入需要加热的蔬菜。樱桃番茄对半切开，放入蒜油中，此时也不要开火，利用余温加热即可。

4 开始煮意大利面，蔬菜也可以一起加入。酱汁快要做好时，另起锅开始煮意大利面。有些蔬菜也可以一起放进来煮，比如斜切的芦笋和嫩玉米、切成小块的西蓝花等。

5 按照软硬程度依次放入蔬菜。蔬菜是和意大利面一起盛出的，所以需要先煮比较硬的蔬菜。硬一点的蔬菜在水沸前的 1～2 分钟放入，软的蔬菜最后放入。

6

将煮面的汤倒入酱汁中，注意此时不能开火！
下面开始乳化。往步骤 3 的平底锅中加入 1 ～ 1.5 汤匙的煮意大利面的汤。

7

加入汤汁后，轻轻晃动平底锅。汤汁需要分几次加入，总量大致与蒜油的用量相同。两手握着锅柄轻轻晃动，直到酱汁变黏稠。

8

意大利面和蔬菜煮好后，马上倒入酱汁锅。
注意！意大利面要沥干后再倒入酱汁锅中。此时不需要开火。倒入后，用夹子或长筷子画圈搅拌，让意大利面与酱汁混合均匀。

9

加入不需要长时间加热的蔬菜。放入葱丝。能和多种蔬菜搭配是这道意大利面的与众不同之处。

10

芝麻碎闪亮登场！
芝麻碎将发挥乳化剂的作用，这是使意大利面能够均匀挂住酱汁的杀手锏，而且即使芝麻碎放多了，也很好吃。

11

画圈搅拌，让意大利面、酱汁和蔬菜充分混合。
用夹子或者长筷子搅拌即可，不要晃动平底锅，否则食物可能会掉到锅外。如果怕划伤锅体，可以换成橡皮刮刀进行搅拌。

12

放入可生吃的蔬菜。
蔬菜越多越好，如果冰箱里有水菜、芝麻菜等，都可以在最后加入。现在，大功告成！开吃吧！

◎这是一道季节性料理哦

如果你已经熟练掌握蒜油酱汁的做法了，接下来一定会想尝试制作蛤蜊意大利面吧？

做出美味蛤蜊意大利面的秘诀，就是要在蛤蜊最好吃的季节做！仅此而已。

蛤蜊上市的季节，自然是春季，而 4、5、6 月更是旺季。尤其 5 月上旬的蛤蜊，是一年中最美味的，肉质饱满、鲜嫩多汁。用蛤蜊中的汁水与蒜油一起做的意大利面酱汁，更是异常鲜美。蛤蜊意大利面简直就是季节的馈赠。所以，不好意思，10 月、11 月、12 月想吃蛤蜊意大利面的人就要忍一忍啦。

◎蛤蜊中的汤汁摇身变酱汁

蛤蜊放入酱汁锅中后加水，当然也可以加入红酒（但如果是几十块的廉价红酒，那还是加水吧）。然后，盖上锅盖，开大火。听到蛤蜊张口的啪啦啪啦声后转小火。在这个过程中，蛤蜊会慢慢煮熟，鲜美的汤汁也会慢慢渗出。

不同种类的蛤蜊，汁水量是不同的。如果汁水过多，意大利面就无法均匀地裹上鲜美的汤汁，这种情况下应早一点将面从深锅中捞出，放进酱汁锅中一起煮。

注意！这里只是将还有些硬的意大利面放入酱汁中煮熟，并不需要翻炒。此时，如果水分过多，酱汁容易水油分离，所以可以加入橄榄油或黄油作为乳化剂。另外，大火也容易导致水油分离，所以要开中火。注意不要煮太久，40 秒左右即可（早捞出多久，就在酱汁中煮多久）。

蛤蜊意大利面

材料（2 人份）

长形意大利面……………… 160g
　水 ……………………… 3L
　盐 ……………………… 45g
<蒜油酱汁>
　橄榄油 …………… 50~60ml
　大蒜 …………………… 2 瓣
　红辣椒（掰成两段并去籽）
　……………………………1 根
蛤蜊 ……………………30 只
水 …………………………30ml
橄榄油 ……………………15ml
黄油 ………………………10g
欧芹 ……………………适量

◎蛤蜊用海水浓度的盐水浸泡
一晚，去沙。

◎欧芹切碎或撕碎。

要点

蛤蜊最后放于表面，
给人以奢侈之感。

确保酱汁已经均匀包裹
住意大利面，
切记意大利面才是主角！

酱汁不要太稀薄，
这样才能保证味道鲜美。

1

制作蒜油酱汁的第一步——煎蒜。
将大蒜均匀切成 4 片后放入平底锅
中，倒入橄榄油。锅微微倾斜，开
大火。油中出现大量气泡后转小火，
煎 3 ~ 4 分钟，直至蒜片可以轻松
用竹签穿透。

2

关火，放入红辣椒。可根据个人
喜好加入欧芹。
待油温稍降后放入红辣椒。可以再
加入一些切碎的欧芹，增加香气。

3

加入蛤蜊。
使用已经去沙洗净的蛤蜊。此时，
可以将蒜片、红辣椒取出。

4

加水。
我在店里做的时候会加入红酒，因
为这是店中的必备之物。不过，在
家中做的话必要特地开一瓶红酒，
用水也无妨。

5

再一次开大火，盖锅盖。
这里需要开火了。盖上锅盖后开大
火，然后仔细听锅中的声音。听到
啪啦啪啦的声音后转中火，声音消
失后打开锅盖。

6

蛤蜊张口后关火。

打开锅盖,如果看到蛤蜊已经张口,可以关火。如果有的蛤蜊用夹子触碰后还不张口,就再稍微煮一会儿。

7

取出已经张口的蛤蜊。

之所以要取出蛤蜊,是为了倒入意大利面时混合起来方便。可别忘了,蛤蜊不是主角,意大利面才是。

8

在汤汁中加入少量橄榄油。

加入1汤匙橄榄油。此时也不要开火,两只手握住锅柄慢慢晃动锅子,让水和油充分融合,达到乳化效果。

9

蛤蜊的汤汁和蒜油完美结合,才能称之为酱汁。

此时美味已经全都浓缩于酱汁中了,开始另起锅煮面吧!

10

取出的蛤蜊要注意保温。

装有蛤蜊的盘子要放在煮面的锅子上(利用水蒸气来保温),并且用保鲜膜或者锡箔纸盖住蛤蜊。

11

面快煮好时,吃一根意大利面来确认软硬程度。

用小刀在一次性筷子上切一个凹槽,可以很方便地捞出一根意大利面。这是我独创的"魔法筷"。

12

将意大利面倒入酱汁锅,慢慢搅拌,吸收酱汁。

如果蛤蜊析出的汤汁较多,意大利面要少煮40秒左右,提前放入酱汁中用中火一起煮。如果汤汁的量正合适,那么关火搅拌意大利面和酱汁即可。

13

加入黄油,更加可口。

用夹子将意大利面和黄油画圈搅拌。是不是看起来很诱人?

14

最后将蛤蜊放在表面。

意大利面装盘后,放上蛤蜊,这样既方便食用,又给人以奢华之感。

帕玛森奶酪番茄酱意大利面
Salsa Pomodoro Burro e Parmigiano

◎家庭料理必选番茄汁

在家中，就用番茄汁来做番茄酱吧！因为如果只做1～2人份意大利面的话，用番茄汁绝对比用番茄罐头更省时省力，也更美味。

之前我一直是用番茄罐头来做这道料理的。但是，我在很多地方教课时，经常会听到这样的疑问："用一罐番茄罐头的话不够，但是再开一罐又有剩余，怎么办呢？"我和朋友讨论后，终于想到了用番茄汁做番茄酱的办法。

番茄汁和番茄罐头的原材料一样都是番茄。我试着将不含盐的番茄汁煮到浓稠，做出的番茄酱居然十分美味。而且如果番茄汁有剩余的话，可以喝掉，不够的话可以适当添加，非常灵活。

所以，如果是在家中做番茄酱，我极力推荐用番茄汁。当然，如果是专业厨师，还是用番茄罐头更好，因为成本更低。

◎煮至浓稠后就能变成酱汁！

蒜油酱汁制作完成后，加入番茄汁煮至浓稠。刚开始煮时，汤汁还很稀薄，随着慢慢熬煮，水分蒸发，酱汁会逐渐变得黏稠。当我在料理培训班上将成品展示给太太们看时，大家都说："哇！这和超市买到的番茄酱一模一样啊！"的确，从视觉上来看，番茄汁已经变身为番茄酱了。

但是请注意，因为酱汁中有油，所以很容易发生水油分离。因此，最好在最后加入黄油或者帕玛森奶酪作为乳化剂，这样口感会更好，也会使酱汁愈发醇香诱人。

帕玛森奶酪番茄酱意大利面

材料（2人份）	
长形意大利面	160g
┌ 水	3L
└ 盐	45g
＜蒜油酱汁＞	
┌ 橄榄油	50~60mL
└ 大蒜	2瓣
番茄汁（无盐）	400mL
盐	适量
黑胡椒	适量
罗勒叶（装饰用）	2片
帕玛森奶酪粉	20g
黄油	10g

要点

酱汁需要煮至黏稠。
在盘子上流淌的酱汁是
不合格的。

帕玛森奶酪是一种
"隐形的调味料"。
不见其物，
却能增添一份醇香。

番茄酱搭配着罗勒叶的清香，
更添一份清新的滋味。
如果阳台上恰好种着罗勒，
此时不用更待何时？

1

熬制蒜油酱汁。
将大蒜均匀切成4片后放入平底锅中，倒入橄榄油。锅微微倾斜，开大火。冒出大量气泡后转小火，煎至蒜片变为金黄色。

2

关火，加入番茄汁。
暂时关火，这样可以从容不迫地完成接下来的步骤。蒜片容易焦，所以要先取出，然后倒入番茄汁。

3

开大火，加盐。
倒入番茄汁后开大火（放入冷的食材后一定要开大火）。因为加入的是无盐番茄汁，所以还需要加入盐。

4

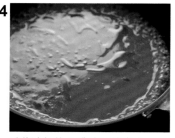

番茄汁加热至沸腾后转中火。
可能有人担心会煳锅，所以一直开小火。但是放心，在还有很多水分的情况下是不会煳锅的，所以请大胆地开中火吧。

5

番茄汁沸腾时开始煮面。
可能大家会感觉这时煮面有一点早。其实番茄汁沸腾后转中火再煮2~3分钟，就能变为黏稠的酱汁。所以在番茄汁冒出大量气泡沸腾时，就可以另起锅开始煮面了。

6

看！番茄汁已经变黏稠了。

转中火煮约2分钟，番茄汁就会变得顺滑黏稠。锅边缘的酱汁容易煳，所以煮的时候要不时地用橡皮刮刀刮一刮边缘。

7

加入黑胡椒。

黑胡椒很香，但是其香味容易散发，所以正确做法是在最后加入。

8

酱汁完成，关火。

1人份200mL的番茄汁可以煮成大约100mL的酱汁。如果想要更加奢侈一点，可以将300mL的番茄汁煮成100mL的酱汁。

9

罗勒叶再添一份香气。

用手将罗勒叶撕碎，香气会更加浓郁。菜刀的金属味会破坏香草和蔬菜的香味，所以最好用手撕碎。

10

煮好的意大利面倒入酱汁中。

意大利面沥干后倒入酱汁锅中，然后用夹子画圈慢慢搅拌，让酱汁均匀包裹住意大利面。

11

搅拌好后加入帕玛森奶酪粉。

加入帕玛森奶酪时千万不能小气。可能有人会说"要放这么多吗？！"只要你试过一次就知道了。

12

再加入黄油。

帕玛森奶酪和黄油都能起到乳化剂的作用，使意大利面可以充分挂住酱汁。除了黄油，还可以用橄榄油，效果也是一样的。

13

最后再进行充分搅拌。

当然，此时不能开火。充分搅拌帕玛森奶酪和黄油，让乳化剂熔化，这样，醇厚顺滑的酱汁就会紧紧包裹住意大利面。

14

装盘也要美美的。

用夹子夹起意大利面，分几次装盘，使意大利面在盘中堆成小山状。最后端起平底锅，用橡皮刮刀刮落剩余的酱汁，让其自然落在面条表面。

◎要领：蒜油 + 番茄酱

意大利语"Arrabbiata"原本是发怒的意思，在这里指带有辣味的番茄酱汁。可能是因为吃了之后会辣到发怒，所以取了这个名字。不过，我在意大利吃这道面的时候，并没有感觉到传说中的那么夸张。

这道意大利面的酱汁浓缩了番茄的酸甜、辣椒的辛辣和大蒜的蒜香味，我想这样富有层次的味道是它受到大家喜爱的原因。

这款酱汁的做法很简单，只需要在蒜油中依次加入红辣椒、番茄罐头（或者和番茄罐头等量的番茄汁）一起煮即可。

◎拉贝托拉（LA BETTOLA）餐厅人气意大利面的由来

在我的餐厅拉贝托拉（LA BETTOLA）中，做完微辣蕃茄酱汁后，会再放入帕玛森奶酪和罗勒叶，而在意大利，传统的微辣番茄酱意大利面中一般是不加入这两样食材的。

我是在西西里岛知道还有这种吃法的。虽然不符合传统，但我还是忍不住尝了一口，然后发现竟然那么好吃。辣味温和不刺激，罗勒叶清香扑鼻。我不禁问服务员："好好吃！这是什么？"对方回答说："Disgraziato（遗憾）。"然后我就牢牢记住了"遗憾意大利面"这个名字。直到后来我才明白，当时那个人的意思是"你连这个都不知道，真是太遗憾了。"

因为这个小插曲，这道意大利面在拉贝托拉（LA BETTOLA）餐厅菜单中的名字就叫"Disgraziato（遗憾）"。

融合了番茄、辣椒和蒜的香味，加入罗勒叶和帕玛森奶酪更美味。

微辣番茄酱意大利面

材料（2 人份）

长形意大利面············ 160g
　　水···················· 3L
　　盐···················· 45g
微辣番茄酱汁 *··········· 150g

< "遗憾" 酱汁 >
　罗勒叶················ 4 片
　帕玛森奶酪粉······20 ～ 30g

* 微辣番茄酱汁（3～4 人份）

< 蒜油酱汁 >
　橄榄油··········· 50 ～ 60mL
　大蒜··················· 3 瓣
　红辣椒（掰成两段并去籽）
　····················· 2 根
欧芹（切碎）············ 适量
碎番茄罐头··············400mL
盐····················· 适量
橄榄油·················· 少量

◎碎番茄罐头也可以用等量的
番茄汁代替。

要点

放入大量帕玛森奶酪，
可以使辣味温和不刺激。

罗勒叶散发着清香，
符合现代人的口味。

根据个人喜好，
可以在最后撒上一些
罗勒叶。

1

做微辣番茄酱汁的第一步是制作
蒜油酱汁。
将大蒜均匀切成 4 ～ 5 片后放入锅
中，倒入橄榄油。锅微微倾斜，开
大火煎蒜。大蒜碎屑容易焦，所以
要及时取出。

2

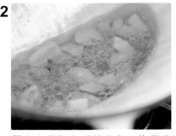

冒出大量气泡后转小火，将蒜片
煎香。
煎香蒜片，直至用竹签可以轻松穿
透为止。蒜片煎至呈金黄色后，香
味才会完全散发出来。

3

在小火状态下加入红辣椒。
有辣味才能称之为微辣番茄酱意大
利面。为了让辣味充分融进酱汁中，
开小火慢慢煎即可。

4

红辣椒变色后加入欧芹碎。
小火将红辣椒煎至变色（注意不要
煎焦），然后加入欧芹碎。

5

加入番茄碎，小心烫伤！
此时蒜油的温度非常高，加入冷藏
（或者常温）的番茄碎后，酱汁可能
会飞溅，要小心躲避。加入冷的食材
后要开大火，这是做料理的铁律。

6

开大火煮番茄酱汁，沸腾后转小火。

小火煮时要不时搅拌，以蒸发番茄酱汁中的水分。通过熬煮，番茄、辣椒、大蒜的香气会一起融进酱汁中。

7

一边用小火煮番茄酱汁，一边开始煮意大利面。

酱汁煮至黏稠后，就可以另起锅开始煮意大利面了。微辣番茄酱汁可以在冰箱中冷藏保存 2 ~ 3 周，所以可以多做一些储存起来。

8

番茄酱汁中加入盐。

盐在水中才会溶解，所以要在酱汁中还有一些水分时加入盐。放入 2 分钟后，盐充分溶解后再尝味道哦。

9

酱汁煮至浓稠，关火。

小火煮一段时间后，酱汁就会变得浓稠。这时，用橡皮刮刀轻轻推开酱汁，如果可以清晰看见锅底，而且酱汁不会立刻聚拢的话，就可以关火了。

10

加入少许橄榄油。

橄榄油是很好的提鲜调味料，可以让酱汁味道变得更醇厚。此时锅中还有余热，酱汁仍然会"咕嘟咕嘟"地冒小气泡，不需要再次开火。

◎至此微辣番茄酱汁已大功告成

11

◎以下是"遗憾"酱汁的做法

加入撕碎的罗勒叶。

11~12 步是制作微辣番茄酱汁的进阶版——"遗憾"酱汁的步骤。首先加入清香的罗勒叶。

12

撒入大半帕玛森奶酪粉。

撒入大量的帕玛森奶酪，千万不要吝啬，这样才会更加美味。

13

加入煮好的意大利面并搅拌。

意大利面沥干后加入酱汁中，此时仍不开火，用夹子搅拌均匀。在意大利家庭中，这一步通常会在餐桌上完成。

14

再次加入剩下的帕玛森奶酪粉。

为了让意大利面均匀地挂住酱汁，最后需要再次加入帕玛森奶酪，然后用夹子混合均匀。大功告成！大家一起分享美食吧！

◎请记住 Soffritto（混炒蔬菜酱）这个单词

大家都应该很喜欢番茄酱意大利面吧？如果酱汁中还有满满的蘑菇和金枪鱼，那么这种意大利面就叫"Boscaiola"，在意大利语中是山珍风味的意思。

制作这种酱汁的基础是炒洋葱。首先，洋葱切丝，开大火，放入橄榄油中翻炒，炒出洋葱中的水分。然后转小火，炒至洋葱变为奶油色，变得黏稠。注意！炒至变色和炒焦是有区别的，为了不炒焦，需要用橡皮刮刀小心地进行翻炒。

其他蔬菜也是如此，通过慢慢翻炒，将蔬菜特有的甜鲜味浓缩其中。这就是"Soffritto（混炒蔬菜酱）"——将蔬菜慢慢煸炒到软烂而形成的一种独特的调味酱，在意大利料理、西班牙料理和法国料理中经常用到（本书第 46 页的"传统番茄肉酱意大利面"中也会用到这一款混炒蔬菜酱）。

◎意大利料理的两条基本原则

在传统的意大利料理食谱中，洋葱＝大蒜，所以料理中放了洋葱就不会再放大蒜。另外，在过去，红辣椒是黑胡椒的替代品（因为黑胡椒价格昂贵且稀有，常常会因此引发战争），所以用了黑胡椒的料理中就不会再加入红辣椒。但是现在，根据个人喜好，两者可以同时使用。用红辣椒增添辣味，用黑胡椒增添香味。

另外，我还会加入鳀鱼干（提味）、橄榄（提鲜）。如果有的话，还可以加入水瓜柳。鳀鱼干、橄榄、水瓜柳都是意大利家庭中十分常见的调味料，如同味噌和味醂之于日本家庭一样。

山珍风味金枪鱼番茄酱意大利面

材料（2 人份）

长形意大利面 ············· 160g
　水 ·························· 3L
　盐 ·························· 45g
山珍风味酱汁 * ··········· 150g
欧芹（切碎）················ 适量

* 山珍风味酱汁（3 ~ 4 人份）

　小个洋葱（切丝）········ 2 个
　鳀鱼干 ·················· 3 片
　橄榄（去核，黑色绿色均可）
　···························· 6 颗
　蟹味菇 ·················· 2 盒
　金枪鱼罐头 ·········· 2 ~ 3 罐
　　　　　（约 150 ~ 200g）
　碎番茄罐头
　················· 400g ~ 450g
　盐、黑胡椒、橄榄油
　···························· 适量

◎也可以放入自己喜欢的菌菇，
比如香菇、灰树菇、口蘑、滑
菇等等。

◎碎番茄罐头也可以用等量的
番茄汁代替。

要点

酱汁要煮至黏稠，
不能让酱汁在盘子边缘
流淌。

金枪鱼肉尽量弄碎。

装盘后，在上面撒上欧芹
碎增添香气与色彩。

1

将洋葱丝炒至呈奶油色。
锅中加入 3 汤匙橄榄油，用橡皮刮
刀翻炒洋葱。一开始开大火，待炒
出水分后转小火，煸炒至奶白色。

2

加入鳀鱼干。
洋葱丝炒软后加入剁碎的鳀鱼干（也
可以用鳀鱼酱）。鳀鱼容易炒煳，
所以煸炒的时候要不断翻动。

3

加入切碎的橄榄。
橄榄其实更像是提鲜调料，黑橄榄
和绿橄榄都可以用。

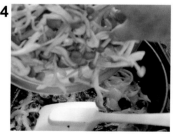

4

加入用手撕开的一根根蟹味菇。
当然也可以加入自己喜欢的菌菇类，
菇类从菇头到伞柄被撕开时，会散
发出特有的清香。用橡皮刮刀轻轻
翻炒。

5

加入金枪鱼罐头中的汤汁和鱼肉。
经过熬煮，金枪鱼会变成碎肉，所
以不用特意弄碎鱼肉，从罐头里拿
出倒入锅内即可。

6

翻炒时要用橡皮刮刀将食材从四周拨向中间。

加入金枪鱼后开始翻炒。由于锅边缘容易煳，所以翻炒时要用橡皮刮刀将四周的食材往中间拨拢。

7

加入番茄碎，开大火。

将番茄碎倒入一个深碗后再加入锅中。再向碗中加入3汤匙水，冲掉粘在上面的番茄，并一起倒入锅中（若使用番茄汁则不需要加水）。

8

转中火煮时，加入少量盐。

转大火煮到番茄熟软时转中火。根据味道适当加入盐，由于已经加入了鲣鱼干，所以只需少量盐即可。

9

酱汁基本已经完成，开始煮面。

食材也已经全部放入了酱汁中熬煮。这时就可以另起锅开始煮面了。

10

加入增加辣味的黑胡椒。

这里加入的黑胡椒是为了增加辣味，而提香的黑胡椒会在最后撒入。继续用中火熬煮酱汁。

11

浓稠的酱汁看着就十分美味。

在熬煮的过程中再尝一下味道，如果觉得淡的话加入少量盐，用中火再煮一段时间。大家的问题都是煮的时间不够，如果装盘后番茄汁在盘中流淌，就说明水分蒸发得还不够完全。

12

加入现磨的提香用黑胡椒。

用橡皮刮刀拨开酱汁后，如果能立刻看到锅底，那么就说明酱汁已经煮好了。这时撒入提香用的黑胡椒。

13

酱汁大功告成！搅拌装盘吧！

最后加入少量的橄榄油，让酱汁味道更加醇厚的同时也能促进乳化。然后关火，搅拌均匀。盛出这次用不完的分量后，将意大利面倒入酱汁锅中搅拌均匀，最后装盘即可。

生火腿芦笋奶油意大利面

Spaghetti alla Panna con Prosciutto crudo e Asparagi

◎专业厨师用含脂量 30% 的鲜奶油

奶油酱汁是将鲜奶油煮至浓稠而成的酱汁，所以用什么样的鲜奶油就显得至关重要。

市面上出售的大部分都是含脂量约 45% 的鲜奶油，大家可能会觉得用这样的奶油可以煮出更加香浓的酱汁。其实不然，我们专业厨师用的是含脂量约 30% 的鲜奶油（确切来说是 30% ~ 32% 的鲜奶油）。这是因为之后还要进行熬煮，让生火腿、三文鱼等食材炒过后所散发出的鲜香能够融入到鲜奶油中，而含脂量 45% 左右的鲜奶油本身就已经很浓厚、很像酱汁了，无法再进一步熬煮。尽管如此，每次在料理培训班上讲课的时候，一定会有人问我："含脂量约 45% 的鲜奶油更容易买到啊，买了这种鲜奶油怎么办呢？"对此我已经准备好了答案："用牛奶进行稀释。"

比如，将含脂量约 45% 的鲜奶油与牛奶以 2：1 的比例混合，其含脂量大约会变为 30%，经过熬煮就能变成酱汁了。

◎配菜是能够散发香气的食物

与此酱汁搭配的食材，可以是生火腿、烟熏三文鱼或者培根。另外，与口蘑等菌菇类搭配也不错。奶油酱汁与这些熬煮过后散发香味的食材是天生一对。

生火腿或烟熏三文鱼只需几块就足够了。意大利人向来喜爱生火腿和青豌豆的组合，而我经常会用一年四季都有的芦笋，切成小段来代替青豌豆。

生火腿芦笋奶油意大利面

材料（2人份）

长形意大利面	160g
┌ 水	3L
└ 盐	45g
橄榄油	1 汤匙
生火腿	50g
口蘑（切片）	5 个（20g）
芦笋	4 根
鲜奶油（含脂量30%）	300mL
或者A ┌ 鲜奶油（含脂量40%）	200mL
└ 牛奶	100mL
盐	适量
白胡椒	适量
帕玛森奶酪粉	20g
黄油	20g

要点

充分熬煮酱汁，
让食材的美味鲜香
融进其中。

生火腿比起作为配菜，
提香的作用更大。

绿色蔬菜使外观
更加诱人。

1

生火腿切成小片，用橄榄油煸香。
一开始用大火，待油脂渗出后转小火，炒出香味。注意不要炒焦，否则酱汁会变色。

2

加入鲜奶油（或者A）后，转中火。鲜奶油容易煳锅，所以要用中火熬煮。看！生火腿炒出的油脂立刻就溶解在鲜奶油中了。这就是酱汁的基底。

3

加入口蘑。
口蘑香气四溢，同样非常适合做奶油酱汁。无需煸炒，直接放入即可。经过熬煮，口蘑散发的香气就会被酱汁吸收。

4

冒泡沸腾后转小火，加入盐。
虽然生火腿中也含有盐分，但是还需要额外加入盐。因为奶油酱汁味道太淡的话容易腻，所以需要好好调味。

5

酱汁容易焦，需要不断搅动。
锅的边缘酱汁最容易焦，需要用橡皮刮刀不断地搅拌。当酱汁总量变为原来的 2/3 时，转小火慢煮。

6

加入现磨白胡椒。

虽说加入黑胡椒也是可以的，但因为是白色酱汁，就用了白胡椒。美观的外表对于料理也是十分重要的。

7

熬煮至原来体积的 2/3 时，酱汁就做好了。

酱汁完成后关火，另起锅开始煮意大利面。这个酱汁做起来很快，熟练之后可以一边煮面一边熬酱汁。

8

意大利面煮好前一分钟加入芦笋。将芦笋切成 1.5cm 左右的小段，放进煮意大利面的锅中。如果是产青豌豆或者蚕豆的季节，也可以用它们来代替芦笋。加入绿色蔬菜后，料理就变得更加赏心悦目了。

9

将煮好的意大利面和芦笋倒入酱汁中。

此时不要开火，只需将意大利面和酱汁搅拌均匀即可。

10

加入帕玛森奶酪粉。

帕玛森奶酪要擦成碎屑状。加入奶酪后，味道就变得更加醇厚。如果感到酱汁很干，怀疑是不是煮过头时，可以在步骤 9 ~ 12 的某一步加入 1 汤匙水。

11

再加入黄油。

黄油的作用也是增添醇香，也可以起到乳化作用，使意大利面能够充分挂住酱汁。提醒一下，料理中使用的黄油一般都是黄油。

12

充分搅拌。

用夹子一圈一圈地进行搅拌，让酱汁和意大利面混合均匀。大功告成！

鲜虾番茄奶油意大利面
Spaghetti alla Panna Pomodoro e Gamberi

◎盐调味是关键

对于奶油酱汁，很多人都觉得"吃到一半就腻了"或者"真的不喜欢"。其中成年女性占多数，她们的评价都是"味道太单调了""奶油太水了"等等。难怪她们没有爱上奶油意大利面，原来是吃了这样的酱汁。

有一种叫"Panna Parmigiano"的奶油意大利面（奶油帕玛森奶酪意大利面），它通过熬煮鲜奶油后，加入盐和胡椒调味，与意大利面混合后，再加入帕玛森奶酪和黄油做成。虽然没有加入配菜，却也十分美味。我在意大利品尝到如此朴素的美食后，就对意大利料理着了迷。之前我已经介绍过"生火腿芦笋奶油意大利面"的做法了（本书第36页）。经过充分熬煮的奶油酱汁是很美味的，用盐调味后根本不会觉得腻。我相信大家应该也会喜欢的，只是你们还没有尝过真正美味的奶油意大利面而已。

◎用伍斯特沙司提味，用小葱增香

奶油（Panna）酱汁和番茄（Pomodoro）酱汁混合后，就会变成粉色新酱汁。意大利语中叫"Panna Pomodoro"，就是奶油＋番茄的酱汁的意思，味道绝佳，颜色诱人，保证你吃一次就会爱上它。希望大家都能尝试一下。

这里的配菜用的是虾仁，还放了一点酸甜微辣的伍斯特沙司，不仅能去腥，还能提味，很受成年女性的喜爱。再在虾仁上撒上小葱，更是锦上添花。

当然，虾仁也可以用三文鱼代替，那就要配上莳萝。可见不同的食材搭配不同的佐料是非常重要的。

鲜虾番茄奶油意大利面

材料（2 人份）

长形意大利面	160g
水	3L
盐	45g
虾仁	20 个
口蘑（切片）	约 10 个
橄榄油	30mL
黄油	15g
鲜奶油（含脂量 30%）	300mL
或者 A　鲜奶油（含脂量约 40%）	200mL
牛奶	100mL
伍斯特沙司	1/3 茶匙
番茄酱 *	2 汤匙
盐、白胡椒	适量
帕玛森奶酪粉	20～30g
黄油（最后加入）	5g
小葱	适量

* 番茄酱可以用以下两种方式制作：
1. 将番茄汁煮至半干（参考第 24 页）；2. 在步骤 4 中加入 50mL 的番茄汁，和鲜奶油一起煮。

◎ 小葱切成末，过水。

要点

虾仁用大火炒至熟而脆，保持鲜嫩弹牙。

酱汁需要煮的够黏稠，才能紧紧包裹住意大利面。

最后撒上小葱碎，美味倍增。

1

虾仁用盐腌制 1～2 分钟。
冷冻虾仁也可以。虾清洗后擦干水分，开背并取出虾线，撒上适量盐，静置 1～2 分钟，让盐充分溶解。

2

用橄榄油和黄油炒虾仁。
奶油酱汁容易溢锅，所以最好用深锅来煮。倒入橄榄油和黄油，待黄油熔化后放入虾仁，用大火炒至虾仁变色。

3

取出虾仁。
大约半分钟后，取出虾仁（半熟状态）。虽然意式的做法是一直放在锅中煮软，但是我更喜欢虾仁鲜嫩弹牙的口感。

4

锅中倒入鲜奶油。
往残留着虾仁鲜香的锅中倒入鲜奶油（或者 A），然后开大火。这时可以另起锅开始煮面。

5

加入伍斯特沙司。
这个步骤可以去腥，同时也可以提味。很多人吃过后都评价说："这种口味更加丰富，我喜欢。"

40

6

加入盐后再煮一会儿。

尝味道，适量加入 1/3 茶匙的盐，然后煮至盐溶解。鲜奶油容易煳锅，需要用橡皮刮刀不停地进行搅拌。

7

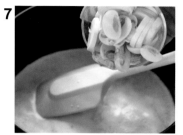

加入口蘑。

口蘑竖切，切成有一定厚度的片状。如果喜欢硬一点的口感，可以稍后加入；如果想让口蘑充分散发出香气，那么现在正是时候。

8

加入番茄酱。

加入 2 汤匙左右的番茄酱。因为鲜奶油才是主角，所以番茄酱只需加入少量即可。再加入一点白胡椒，增添一丝辣意。

9

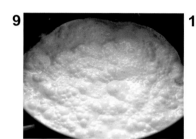

大火煮沸，然后转小火煮。

熬煮过后，各种食材的鲜美都浓缩成了精华，酱汁也自然变得很美味。最终将酱汁熬煮至原来体积的 2/3即可。

10

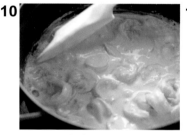

关火，再次放入虾仁。

关火后，锅内仍有余热，利用余热将虾仁煮熟。这样，虾仁的口感正合适。到结束为止，都不需要再开火了。

11

倒入意大利面，稍微搅拌后加入帕玛森奶酪粉。

意大利面煮好后，沥干，倒入酱汁锅中。用夹子将意大利面稍微搅拌后，加入大量帕玛森奶酪粉，这样会让酱汁更美味，也更容易附着在意大利面上。

12

再加入黄油。

加入黄油可以让酱汁味道更醇厚。黄油可以事先切好，在室温下稍微软化备用。然后用手碾成小块，加入锅中，这样能加速黄油的熔化。

13

用夹子充分搅拌。

用夹子在锅中画圈搅拌，让意大利面充分挂住酱汁。要做到装盘后锅中不剩一点酱汁。

◎关火状态下加入蛋汁

　　你们知道蛋黄培根意大利面的真正做法吗？一般做蛋黄培根意大利面失败的原因是没有掌控好火候，其实其中有一定的技巧。如果照我说的做，就没有任何难度，也绝对不会失败：

　　1.平底锅煸炒意式培根（Pancetta）或者普通培根，炒出油脂后关火。

　　2.另起锅开始煮意大利面。将煮意大利面的汤加入到平底锅中，充分使油与水乳化混合。这是酱汁的基底。

　　3.在深碗中充分搅拌蛋汁（蛋液＋帕玛森奶酪＋黑胡椒）。

　　4.将煮好的意大利面倒入处于关火状态下的平底锅中，和基底酱汁进行混合。

　　5.加入蛋汁。因为没有开火，所以蛋汁不会立即凝固，此时再开火。

◎从火上移开＝让锅降温

　　6.开中火后，看到锅底的蛋汁开始凝固了，就将平底锅从火上移开，搅拌意大利面。

　　7.搅拌后蛋汁又会变稀，再将锅放到火上。

　　8.然后有一部分蛋汁会凝固，再次从火上拿开。再放回，再拿开……如此反复多次，蛋汁就会慢慢凝固，如奶油般黏稠。在达到这个状态前就关火，利用锅中的余热继续凝固蛋汁即可。

　　也就是说，通过将平底锅从火上移开和放回这两个反复的动作，使锅的温度下降和上升，反复加热蛋汁。看到这里，大家肯定会惊叹："啊！原来是这样！"请大家一定要照着做一做，争取成为一个做蛋黄培根意大利面的大师。提醒一下，做蛋黄培根意大利面时要用橡皮刮刀。

浓稠而顺滑的蛋汁，来自于反复加热。

蛋黄培根意大利面

材料（2 人份）

长形意大利面	160g
┃水	3L
┃盐	45g
橄榄油	15mL
意式培根（或者普通培根）	80g
煮意大利面的汤	1 汤匙
鸡蛋	2 个
蛋黄	2 个
帕玛森奶酪粉	30g
黑胡椒	适量

◎步骤 3 加入汤后尝一下味道，如果偏咸就加入一点水。

◎如果和孩子一起吃，黑胡椒不用在步骤 5 加入，而是完成后仅在大人的盘中加入。

要点

蛋汁软硬适中，如奶油般黏稠。

意大利面也软硬适中，每一根都挂着酱汁。

意式培根（或者普通培根）酥脆但不焦煳。

1

煸炒意式培根。
将意式培根切成 5mm 左右的细条，放入橄榄油中煸炒。如果平底锅中冒烟，说明锅中温度过高，这时需要将平底锅从火上移开，使其降温，然后再放回火上。

2

将意式培根炒出油脂。
无论是意式培根还是普通培根，煸炒过后都会渗出油脂。这些油脂就是"酱汁基底"。培根炒至酥脆后关火取出，然后另起锅开始煮面。

3

将煮意大利面的汤倒入酱汁基底中。
待平底锅降温后，加入煮面的汤，汤的量与锅中油脂的量大致相等。这样是为了充分吸收锅中残留的鲜香。注意此时不要开火。

4

准备蛋液。
如果一个人吃的话，鸡蛋、蛋黄和帕玛森奶酪粉的份量都减半即可。

5

加入现磨黑胡椒。
黑胡椒需要现磨，因为这是此道意大利面的意大利名称"Carbonara"（原意为"炭烧风味实心意大利面"）的由来。如果不讨厌黑胡椒的话，就多加一些吧。

6

用叉子搅拌均匀蛋汁。
用叉子将蛋液、帕玛森奶酪和现磨
黑胡椒充分搅拌。煮面期间，这一
步骤应该能够轻易完成。

7

意大利面煮好后倒入平底锅中。
意大利面煮好后，加入到步骤3的
平底锅中，和基底酱汁充分混合。

8

将混合好的蛋汁全部倒入。
加入蛋汁。此时蛋汁并不会凝固，
因为没有开火，锅是冷的。将蛋汁
与意大利面混合均匀。

9

意大利面与蛋汁混合好后再开
火，此时用中火。
蛋汁加入后，锅中就有了液体，此
时开中火。稍等片刻，底部的蛋汁
开始凝固。

10

边晃动平底锅，边搅开凝固的蛋汁。
底部的蛋汁凝固之后，一边晃动平
底锅，一边用橡皮刮刀搅开凝固的
蛋汁。

11

从火上移开，搅拌。
如果持续加热，蛋汁很快就会全部
凝固。所以有一点凝固后，就要将
平底锅从火上移开，继续搅拌。

12

搅拌后又会变稀，再放回火上。
蛋汁变得稀薄后需要再次放回火上
加热。待其稍稍凝固，再移开进行
搅拌，如此反复几回。

13

等到蛋汁变得黏稠，凝固程度达
到个人喜好时，及时关火。
从火上移开、放回的反复过程，也
是根据自己的喜好调整蛋汁凝固程
度的过程。最后撒上意式培根就完
成啦！

◎混炒蔬菜酱是西餐炖煮料理的基础

制作肉酱的第一步就是做好混炒蔬菜酱。混炒蔬菜就是将蔬菜切成碎，炒干水分，留下甜味和鲜味。有单炒洋葱的，也有混炒多种蔬菜的。在西餐中，这是炖煮料理的基础。

可以用料理机将蔬菜打成碎，十分方便。锅中多倒入一点食用油，锅热后将蔬菜倒入，无需翻动，像油炸一样加热蔬菜。待蔬菜熟软后转小火，然后翻炒至原来体积的1/3。这一步很费时间，可以一次性多做一点，然后分装成几份冷冻起来。以后在做西式炖菜或者做西班牙海鲜饭时加入一些，味道更正宗。

◎肉酱也要做出肉的鲜美多汁

我想纠正一下大家对于肉酱的概念。肉酱是经过炖煮的碎肉，不能煮得又干又柴。也就是说，肉酱要尽量保留肉的滋味。

秘诀是在煮的过程中不要翻动肉末。可能大家会担心煮煳，所以肉末刚放入就开始翻动了。但是这样的话，肉末就会变得更碎，汁水渗出，鲜味也流失了。不要担心，肉末是不会粘锅的，即使变成肉疙瘩也没关系，反而会更好吃。

不翻动肉末的话，肉就不会萎缩，只是水分蒸发掉，不会流失鲜味，就像烤肉一般。然后加入混炒蔬菜酱后继续煮，再加入红酒，溶解肉末的焦煳。最后加入番茄罐头，通过熬煮让肉末吸收各种食材的鲜香美味。这个酱汁的味道真是好极了！

肉酱煮好后放置一晚充分入味后更好吃。做这个酱汁其实很花时间，所以一次性多做一些吧，放入冰箱冷冻保存就行。

煮肉酱无需翻动，以免滋味流失。

传统番茄肉酱意大利面

材料（2人份）

长形意大利面·············· 160g
   水 ······························· 3L
   盐 ······························· 45g
肉酱 * ·························· 150g
帕玛森奶酪粉··············· 20g
黄油 ···························· 10g

* 肉酱（4～5人份）

牛肉末 ······················ 600g
盐 ··························· 1/3 茶匙
橄榄油 ···················· 4 汤匙
混炒蔬菜酱 ** ········· 100g
碎番茄罐头 ············ 600mL
红酒 ························ 200mL
月桂叶（新鲜的最佳）···1 片
盐 ··························· 1/2 茶匙
黑胡椒 ······················ 适量

** 混炒蔬菜酱

洋葱（切碎）············· 180g
胡萝卜、芹菜（切碎）
   ···························· 各 60g
橄榄油 ···················· 2 汤匙

◎ 如果肉酱冷却变硬，就加水
搅拌后加热

要点

肉末酥软，
肉香四溢，
美味无比。

酱汁黏稠而不油腻。

与意大利面搅拌时，
加入帕玛森奶酪和黄油，
增加浓厚度。

1

首先制作混炒蔬菜酱。
蔬菜切成丁，平底锅中倒入橄榄油，煸炒蔬菜。一开始用大火，待蔬菜熟软后转小火，炒制约20分钟，体积变为原来的1/3后盛出。

2

煎烤腌制入味的肉末。
牛肉末用盐腌制5～10分钟。锅中倒入橄榄油，加热，放入腌好的牛肉末。用橡皮刮刀铺平，使肉末厚薄均匀。开大火，注意无需再翻动。与其说是炒肉末，更像是煎肉末。

3

肉香四溢时查看底部颜色。
用橡皮刮刀铲出一块肉末，如果底部颜色已经变深就翻面。像这样偶尔翻动几次即可，不要一直翻动，并且一直用大火煎烤。

4

不要过分翻动肉末。
可能有人会觉得不搅拌均匀会变成肉疙瘩，其实那样不是更好吗？而且吃起来才会更满足。即使渗出水分也不要转小火，这样才能让水分充分蒸发。

5

用大火煎至水分完全蒸发。
直到肉变软，锅中几乎没有油分和水分。

6

加入步骤 1 的混炒蔬菜酱。
加入混炒蔬菜酱，火力开至最大，
锅底发出呲啦一声的程度为佳。

7

以转圈的方式倒入红酒，然后仔
细听声音。
大家会听到更大的呲啦声，这是非
常关键的，因为这说明水分已经基
本蒸发，锅子温度已经够高。而这
也决定了肉的美味程度。

8

大火煮沸。
红酒会将烤焦并粘在锅上的肉末溶
开，因此要一直用大火熬煮，蒸发
掉红酒中的水分。

9

仔细听，会听到噼噼啪啪的声音。
当噼噼啪啪的声音变为音调很高的
吱吱声时，说明水分没了，油脂变
多了。这时开始搅拌。

10

加入碎番茄。
待红酒中的水分完全蒸发后，加入
碎番茄，稍作搅拌后加入撕碎的月
桂叶。

11

添加少量水。
之后还要煮一段时间，如果感觉番
茄罐头中的汁不够的话，再加入
150 ~ 200mL 的水。

12

加入盐、黑胡椒进行调味。
沸腾后转小火并调味，稍稍搅拌，
然后小火煮 30 ~ 40 分钟，待汤汁
变得黏稠时就完成了。冷却至常温，
酱汁会更入味。

13

让意大利面沾上酱汁。
吃的时候取适量的酱汁加热，并开
始煮面。意大利面煮好后倒入酱汁
锅中，然后加入帕玛森奶酪粉和黄
油，搅拌均匀，就可以分盘享用啦。

第二章
前菜 Antipasti

橄榄油可以算是新鲜的果汁。因为芝麻油、大豆油、菜籽油、花生油等植物油都是植物种子的榨取物，而橄榄油则是植物果实的榨取物。因此，我就想：既然是果汁，那么可以搭配蔬菜、烤鱼和面包吧。特别是在前菜中，橄榄油的鲜香会发挥得淋漓尽致，大家可以放心大胆地使用。

我会将橄榄油倒入软塑料瓶中，用的时候只要轻轻一捏即可。用量可以根据力度精确调整，非常方便。

◎乳化依旧是关键

意式新鲜番茄酱（Checca Sauce）是未经熬煮的冷番茄酱。在意大利料理中，经常会搭配布切塔或者冷的意大利面食用，因此学会做这款酱是非常实用的。

将番茄切丁，加入罗勒叶、盐、胡椒、大蒜、红酒醋和橄榄油，搅拌均匀即可。很简单吧？但要注意：橄榄油一定要等盐等调味料被番茄中的水分溶解后再加入，而且加入时要通过翻动食材来搅拌均匀。这一步乳化工作十分关键。通过前面对蒜油酱汁型意大利面（如本书第11页的蒜油意大利面）的介绍，想必大家已经知道乳化的重要性了。好的乳化可以让食物变得口感丰富、醇香美味。

当然能用品质好的番茄是最好的。而如果不是番茄上市的季节，或者用了普通番茄的话，可以加入一点蜂蜜来增加甜度。

◎既可当早餐，又可配炸肉排

大家知道布切塔吗？布切塔是一种蒜香吐司，做法十分简单。首先将法棍面包烤至脆香（意大利人会放在炭火上烤），然后把蒜末抹在面包表面，再淋上橄榄油即可。

热气腾腾的布切塔配上冰凉爽口的意式新鲜番茄酱，可以大快朵颐，真叫人百吃不厌。作为前菜或者下酒菜都是很好的选择，也可以配上红茶在周日的早晨慢慢享用。意式新鲜番茄酱还可以作为法式烤黄鱼、炸肉排等料理的酱汁。

要注意的是，长时间放置后，番茄会渗出水分，散发出发酵的味道，所以一定要在当日食用完。我相信大家一定能很快吃完的，因为真的太美味了。

番茄罗勒布切塔

材料（4 人份）

< 意式新鲜番茄酱 >

熟透的大番茄	2 个
大片罗勒叶	2 片
大蒜	1/2 瓣
盐、胡椒（黑白均可）	少量
红酒醋	1/2 茶匙
蜂蜜	少量
橄榄油	20mL

< 布切塔 >

法棍面包	1 根
大蒜	1/2 瓣
橄榄油	适量

要点

熟透的西红柿呈现出
红宝石般的色泽，
是此料理最大的魅力所在。

让番茄酱充分乳化，
使其变得黏稠。

橄榄油要新鲜，
推荐买小瓶装，
尽快用完。

1

番茄用热水烫皮剥掉后，横着对
半切开。
先用刀尖挖去番茄蒂，放入热水中
烫 3 秒后马上放入冰水中。最佳状
态是拿刀稍微用力才能将皮剥掉，
如果剥得很轻松则说明烫过头了。

2

番茄不去籽的话酱会又稀又酸。
日本的番茄有很多籽，如果不去除
的话，酱汁会变得又稀又酸。所以
需要将番茄切开，用勺柄将籽挖出，
再切成丁。

3

罗勒叶最好撕碎。
根据个人喜好将番茄切成适宜大小，
放入碗中，罗勒叶撕碎后加入。注意，
香草、蔬菜等最好用手撕碎，香味
和口感都会大不相同。

4

将大蒜磨成泥。
磨泥器上放一张锡箔纸，将大蒜隔
着锡箔纸磨成泥。磨好后取下锡箔
纸，可以轻松地用刀刮下上面的蒜
泥，磨泥器上也不会沾上蒜味。将
蒜泥放入步骤 3 的碗中。

5

按顺序加入调味料。
依次加入盐、胡椒、红酒醋、蜂蜜，
搅拌均匀。待盐完全溶解后，沿着
碗的边缘少量多次地加入橄榄油。

6

每次加入橄榄油后都要混合。
加入橄榄油后一定要混合均匀。两
只手拿着碗，不断地摇晃使食材翻
动。反复几次，让番茄中的水分和
橄榄油充分混合，达到乳化的目的。

新鲜番茄酱通心粉

新鲜番茄酱加上意大利面真的十分美味。日本有像吃凉面一样冷吃长形意大利面的做法，但是意大利人不会这样吃。他们会在热的意大利面上浇上冷的番茄酱。但是，这里的意大利面是短形通心粉。

7

◎准备布切塔，在蒜香吐司表面抹上意式新鲜番茄酱。
将制作完成的意式新鲜番茄酱放到冰箱中冷藏，然后开始准备布切塔。将法棍面包切成薄片并烤香，蒜末抹在面包切面，淋上橄榄油，再涂上满满的意式新鲜番茄酱，然后就可以开动啦！保证不会让你失望！

做法

煮意大利面（最好是斜切短通心粉）。煮好后用厨房布包起来吸干水分，然后放到盘中，加入意式新鲜番茄酱。有条件的话可加上罗勒叶进行装饰。
◎意大利面上不要洒橄榄油，否则很难入味。

◎薄切生鱼片诞生的契机

第一个在日本提供这道薄切生鱼片的人就是我，现在它已经受到了普遍认可，对此我感到非常自豪。30几年前，我在赤坂的一家店做厨师长时，虽然菜单上有生牛肉做的意式薄切生肉，但是几乎没有日本人点过。

正当我为此烦恼时，收到了隔壁日本料理店送来的新鲜鲷鱼。我尝试着将它们做成了意式薄切生肉风味的生鱼片，意大利旅游局的人吃过后大加赞赏。从那以后，那家店的意式薄切生肉就换成了薄切生鱼片。之后我自己开了拉贝托拉（LA BETTOLA），这道料理成了前菜中的当家花旦。

◎盐用量稍多一些

只要是能生吃的鱼类和贝类，都可以用来做这道料理，如樱鲷、真鲷、鲈鱼、比目鱼、六线鱼、黄尾鲥、扇贝等等。秘诀就是多放一些盐，1人份的话需要大约1撮盐。可能有人感觉有点多，但只有这样才好吃。

将生鱼片平铺在盘中，撒上盐、胡椒，再淋上少许醋或柠檬汁。然后轻柔地用手按摩鱼肉，盐就会溶解，再淋上一圈橄榄油，生鱼片的调味步骤就完成了。最后，再在表面撒上口蘑片。在意大利的餐厅中，还会加上现擦黑松露来提升质感。

我还会将葱白、芹菜、黄瓜和胡萝卜切成细丝放在上面。这些蔬菜口感爽脆，吃起来会发出富有韵律的咔嚓咔嚓的声音，让这道薄切生鱼片别有一番风味！

薄切生鱼片

材料（2人份）

鲷鱼（刺身用的鱼块和鱼片均可）

.... 100g

盐 .... 1/2 茶匙

白胡椒（或黑胡椒）.......... 少量

红酒醋（或米醋）...... 1/2 茶匙

橄榄油 .... 1/2 汤匙

< 配菜 >

口蘑 .... 3 个
番茄 .... 半个
大葱 .... 一段（5cm）
小葱（切成末）.......... 适量
盐 .... 适量
橄榄油 .... 少量

< 酱汁 >

蛋黄酱、柠檬汁、橄榄油
.... 适量

◎ 大葱的葱白部分切成细丝，
过水。

◎ 酱汁以蛋黄酱为基础，可根
据个人喜好加入不同的调味料
和香料。加芥末也没问题。另
外，不加酱汁也无妨。

要点

用锋利的菜刀
将鱼切成薄片。

口蘑也尽可能切成薄片。

生鱼片柔软、
蔬菜爽脆，
搭配在一起太棒了！

1

将鲷鱼斜切成 2mm 左右的生鱼片。
如果使用刺身用的鱼片，就在原来
厚度上切薄一半。这一步骤的关键
在于选择一把锋利的刀，一定要用
长且薄的菜刀来片生鱼片。

2

将切好的生鱼片平铺在盘中，然
后撒上盐。
大家知道撒盐的方法吗？用大拇指
和食指捏起一撮盐，像要将其碾碎
用力搓动，并任其自然散落。

3

撒上现磨胡椒。
因为鱼肉是白的，所以最好用白胡
椒。当然用黑胡椒也没关系。

4

浇上醋。
这里用的是红酒醋，也可以用米醋
或者柠檬汁代替。主要是为了增加
酸味。

5

轻柔地按摩鱼肉。
注意不要用力敲打，而是要像按摩
一样轻轻地把盐颗粒抹匀在鱼肉表
面。盐会带出鱼肉的鲜美，而且盐
被鱼肉中的水分溶解后，还是调味
汁的咸味来源。

6

口蘑切成极薄的薄片。

因为是生吃，所以要尽量切薄，这样口感才好。可以用切片器来帮助切片。

7

将口蘑薄片撒到步骤5的生鱼片上。

薄生鱼片搭配薄口蘑片，深浅不一的白色赏心悦目。

8

用画圈的方式淋上橄榄油。

这样，生鱼片上依次加入了盐、胡椒、红酒醋和橄榄油，调味工作就完成了。

9

接下来准备其他配菜，先将番茄和盐混合。

番茄切成小丁（籽太多就去除），撒上盐，用手指轻轻搅拌，然后再加入少量橄榄油。

10

就像做意式新鲜番茄酱（本书第54页）一样调味。

如果觉得麻烦，将番茄切丁后撒在生鱼片表面即可，当然调味后会变得更可口。

11

葱丝上也撒一点盐。

用水泡过的葱丝沥干后也加盐调味，会让美味加倍。不加也可以。

12

加入番茄丁、葱丝、小葱末。

撒上番茄丁后，用手抓取一小把葱丝，轻轻地放在盘子中央。当然散乱撒在盘中也很美观，然后撒上小葱末。

13

挤上酱汁，大功告成。

将做酱汁的材料混合后装入塑料袋中。在塑料袋尖端剪一个小孔，将酱汁如图般挤在料理表面。这个动作简单又潇洒，相信人人都能完成。

◎ 海鲜既不要开大火煮，也不要过冰水

究竟如何加热才能使虾仁 Q 弹、扇贝鲜嫩？这是本道料理的难点。

大家是怎么煮海鲜的呢？是不是放进沸水中一直开大火煮，然后放进冰水中冷却呢？这样做出来的虾仁、扇贝等会变得又干又硬，口感如橡胶。

那么正确的做法是怎样的呢？以煮扇贝为例，首先，将大量的水煮沸（水越多温度越恒定）。然后，加入水量 1% 左右的盐，再放入扇贝肉。盖上锅盖，关火，静置一分钟。用笊篱捞出扇贝看看，正是充分加热又保留了鲜度的完美状态。

不要浸入冰水，否则海鲜的鲜美会流失殆尽。只需放到盘中自然冷却即可（在冷却过程中，余热会继续发挥作用）。

无论是做三明治用的虾仁，还是做凉拌菜用的乌贼，全都可以按照这个方法来煮。在这个过程中，火候的控制是关键，记住：沸水下锅，之后马上关火。掌握这个技巧后，冷冻虾仁也能煮得鲜嫩弹牙。所以说，食材本身并无好坏之分，关键在于手法。

◎ 用贝类的汤汁做腌渍汁

这道沙拉要在贝类上市的季节做。蛤蜊或者贻贝蒸煮后会渗出汤汁，可以用这些汤汁做腌渍汁，给煮好的海鲜调味。贝类用量较少（两盒左右）时，汤汁的量也会不足。这时，可以往锅中加入两汤匙水，再盖上锅盖煮。

海鲜沙拉

材料（4 人份）

扇贝肉·····················4 个
虾·······················12 只
乌贼········一小只（150g 左右）
蛤蜊······················20 个
贻贝······················10 个
盐·······················适量

< 蒜油酱汁 >
　橄榄油···············30mL
　大蒜（切片）···········1 瓣
　红辣椒（掰成两段并去籽）
　····················半根

< 腌渍汁 >
　橄榄油···············30mL
　柠檬················1 个
　胡椒粒···············适量
　盐·················适量
　欧芹················适量

◎让蛤蜊吐沙。摩擦清洗贻贝
外壳，去除黑色带毛肠胃。扇
贝肉四等分。虾开背后去除虾
线。乌贼剥皮后切成 5mm 宽度
的细条。

◎最后可以根据个人喜好加入
柠檬、欧芹等进行装饰。

要点

虾仁、扇贝、乌贼，
都煮得鲜嫩 Q 弹。

贝肉充分吸收了
鲜美的腌渍汁。

淋上橄榄油，
挤上柠檬汁，
美味加倍。

1

制作蒜油。
平底锅中倒入橄榄油，放入蒜片。
锅微微倾斜，开大火。冒出大量气
泡后转小火，蒜片煎至金黄后关火，
捞出蒜片，稍微冷却后加入红辣椒。

2

煮蛤蜊和贻贝。
步骤 1 完成后放入贝类，盖上锅盖
开大火焖。贝类多的话，可以渗出
足够的汤汁。如果汤汁不够，需要
再加入两汤匙水。

3

取出贝类。
贝类煮至张口后，取出放入碗中。
因为贻贝的壳很大，所以没有肉的
贻贝壳可以扔掉。全部取出后，在
碗上盖上保鲜膜来保温。

4

锅中剩余的汤汁留着做腌渍汁。
贝类居然煮出了这么多鲜美的汤汁，
真是不可小瞧。用小火再煮一会儿，
感觉快要煮干时关火。

5

煮沸一大锅水，加入 1% 的盐。
步骤 4 的平底锅暂时放到一边，烧
一锅水用来煮其他海鲜。水沸腾后
加入水量 1% 的盐，然后根据海鲜的
海腥味程度一样一样地加入，海腥
味最小的最先煮。

6

加入扇贝肉后立即关火。
放入扇贝肉后，盖上锅盖并关火，
静置1分钟，然后捞起查看情况。
所以其实扇贝肉不是煮熟，而是焖
熟的。

7

瞧！扇贝肉十分富有弹性。
可以根据个人喜好把控火候，如果
接受不了没有熟透的扇贝肉，可以
适当延长焖的时间。

8

焖好后取出扇贝肉。
取出后的扇贝肉不需要放入冰水中，
放在盘中自然冷却即可。

9

水沸腾后倒入虾仁，马上盖上锅
盖关火。
这时水已经不那么热了，所以需要
再一次煮沸。然后倒入虾仁，盖上
锅盖，关火，静置30秒左右。捞出
虾仁，放在步骤8的扇贝肉旁边。

10

乌贼放入后立即捞出。
再次煮沸热水，放入乌贼后立刻关
火。乌贼很容易煮熟，所以搅拌一
圈后立即捞出，也放入步骤8的盘
中冷却。

11

制作腌渍汁。
将第4步的平底锅再次加热，沸腾
后转小火，加入橄榄油、柠檬汁，
用刮刀搅拌均匀。加入现磨胡椒，
尝一下味道，如果觉得淡的话再加
入一点点盐。

12

倒入碗中进行乳化。
把腌渍汁倒入碗中，用打蛋器充分
搅拌。腌渍变白后加入欧芹碎末。

13

腌渍汁中加入煮好的食材。
将所有海鲜倒入腌渍汁中，常温下
腌制30分钟后进行摆盘，剩下的腌
渍汁可以浇在海鲜表面。

◎只用搅拌机就可以完成

"这是什么？""好好吃啊！"吃过这道料理的人都会发出这样的感叹（负责拍摄此书照片的工作人员也不例外）。实际上这道料理的做法非常简单，不要轻易告诉招待的客人，保留一点神秘感比较好。

在火腿和烟熏三文鱼中分别加入黄油和鲜奶油，放入搅拌机中打成泥，入口即化的慕斯就完成了。用大勺子挖出一勺轻轻地放在盘中，就可以享受这美妙的口感了。这道前菜与起泡酒或红酒是绝配。当然，也可以夹在三明治里，或者搭配意大利面或烩饭。

另外，你还可以将慕斯倒入模具中，放进冰箱冷藏，就变成了类似肉冻（Terrine）的料理。由于加入了黄油，所以冷藏过后会变硬，切成片后装盘十分美观。如果没有模具的话，可以用塑料容器代替。将塑料瓶纵向对半剖开，将慕斯放入其中冷藏，这样可以得到半圆柱形的慕斯。享用时，用双手的温度将塑料瓶稍微暖热，就能轻松脱模。

◎变化无穷

火腿和烟熏三文鱼只需几小块即可，用一点点食材就能做出精致的慕斯料理，简直太棒了！

很多其他的食材也可以用来做这道料理。如金枪鱼罐头、鲑鱼罐头、牛肉罐头、水煮鸡胸肉、煮好的蚕豆等等。各种食材的搭配也是有技巧的，例如水煮鸡胸肉要搭配火腿，金枪鱼要搭配虾仁等等。配菜方面也是变化无穷，可以撒上黑胡椒，加入水瓜柳或雪莉酒等等。家庭慕斯的妙处就在于，只要记住制作方法，就可以自由发挥。

火腿慕斯

材料（4 人份）

火腿 ····················· 300g

黄油 ····················· 100g

鲜奶油（含脂量约为 40%）

····················· 100mL

黑胡椒 ··················· 适量

橄榄油 ··················· 适量

要点

柔软、
丝滑的口感。

即使有未打成泥的
火腿颗粒也不要紧，
也有其独特的鲜美。

最后加入的黑胡椒，
增添了香气，丰富了口感。
淋上橄榄油，
又多了一份橄榄的清香。

1

火腿和黄油都切成丁。
虽然照片中的火腿切成了丁，但其
实切成小块或薄片也可以。因为有
黄油的存在，所以火腿肉最好选择
大腿等脂肪较少的部位。

2

将食材放入搅拌机中。
如果火腿不切小，那么搅拌的时间
就会变长，机器产生的热量会被食
材吸收，从而破坏食材的原味。所
以要尽量缩短使用搅拌机的时间。

3

加入黑胡椒。
火腿与黑胡椒的组合特别美妙。盖
上盖子，启动搅拌机吧！

4

打成丝滑的糊状。
中途将搅拌机暂停 1～2 次。用橡
皮刮刀刮下粘在边缘的火腿肉，然
后再次搅拌，直到慕斯变成丝滑的
糊状。将其倒入碗中，等待摆盘。

◎如果想提前准备出来······
将慕斯放入碗中，用保鲜膜封好，
放进冰箱冷藏。吃之前取出，很快
又会回到柔软的状态。如果想做成
法式肉冻，就把慕斯放入模具中，
用保鲜膜封好，放进冰箱冷藏 2～3
个小时。

三文鱼慕斯

材料（4 人份）

烟熏三文鱼·················· 300g

无盐黄油·················· 100g

鲜奶油（含脂量约为 40%）

···················· 100mL

白胡椒·················· 适量

橄榄油·················· 适量

要点

绵软丝滑、
入口即化的口感。

三文鱼色泽粉嫩、
透着可爱。

新鲜的橄榄油，
激发出烟熏三文鱼
特有的香气。

1

烟熏三文鱼和黄油切成小块。
烟熏三文鱼也可以切成薄片。因为
其中含有盐分，所以要用无盐黄油，
而且之后也不再额外加盐。

◎如果想做成本书第 64 页的摆
盘……
大勺子用热水烫过后擦干，分别挖
一勺火腿慕斯和三文鱼慕斯，放置
在盘中。然后在火腿慕斯上撒上黑
胡椒，在三文鱼慕斯上撒上白胡椒。
周围放上酥脆的法棍切片、红菊苣、
金玉兰菜、芝麻菜，最后在表面淋
上橄榄油。

2

加入食材后启动搅拌机。
将三文鱼、黄油、鲜奶油、白胡椒
放入搅拌机中，打开开关。不要忘
记中途暂停 1～2 次，用橡皮刮刀
刮落粘在搅拌机上的食材。

3

打成丝滑的糊状。
将做好的慕斯倒入碗中，等待装盘。
这里讲的做法比较简单，如果想丰
富口感，可以加入水瓜柳（三文鱼
的好搭档），或者加入一点自己喜
欢的酒。

欲做出好吃的料理，必先掌握乳化技巧！

　　无论在教制作意大利面酱汁，还是炖煮料理的时候，我一直在反复强调乳化。我想让大家都知道乳化的重要性。

　　其实，乳化就是让水和油去充分融合。乳化后的酱汁或料理会呈现出白色浑浊的状态，口感也会变得醇厚。将这样的料理送进嘴巴，舌尖上的每一个味蕾都会欢呼雀跃。

　　大家想想沙拉的油醋汁，就能明白乳化的重要性了。如果油和醋没有充分融合的话，沙拉就会变得水是水、油是油。只有充分融合油和醋，才能调制出可口的酱汁。每一片叶子都沾着酱汁，这才是完美的沙拉。

　　通过简单的沙拉制作，来亲身体验乳化的美妙吧！我会教大家做一碗搞定的可口沙拉。做好后可以直接吃，也可以搭配肉类一起享用。将沾满调味酱的沙拉放在炙烤后的肉上或者铺在肉下，又或者放在炸肉排上，都别有一番风味。所以掌握乳化这个技巧是非常有用的。

简便易学的
美味沙拉

＜准备工作＞

准备 1 个大玻璃碗，芝麻菜、生菜等自己喜欢的生吃类蔬菜，以及盐、胡椒、醋（红酒醋、米醋、柠檬汁都可以）、橄榄油。醋与橄榄油的最佳比例为 1：4。如果是两人份的蔬菜（两把左右），建议醋的用量为 1/2 汤匙，橄榄油的用量为 2 汤匙。准备好了就开始吧！

1

蔬菜放入碗中，撒上少量盐，用手轻轻搅拌。然后沿着碗的边缘以画圈的方式加入醋。

2

手抓着蔬菜，以擦拭碗壁的方式进行搅拌，这样醋中的水分会将盐溶解。

3

撒上少量胡椒，沿着碗的边缘以画圈的方式加入 1/3 的橄榄油。

4

用与 2 同样的方式进行搅拌。

5

以相同的手法再次加入 1/3 的橄榄油。

6

再次进行搅拌，然后加入剩下的橄榄油，并再次搅拌（共 3 次）。

7

一口气将沙拉倒入盘中。如果碗的内壁一干二净，就是完美乳化的最好证明。

明白以下原理，你的厨艺将会更上一层楼。

步骤 2 中，加入醋后要马上进行搅拌，不能等到加入油后。因为盐在油中很难溶解，所以需要先用醋去溶解盐。

乳化的成功与否，关键在于油和水能否紧密结合。每次加入醋或橄榄油后，我都会用手抓着蔬菜，以擦拭碗壁的方式进行搅拌，目的是为了让橄榄油（油分）和醋（水分）紧密结合在一起。手发挥了打蛋器的作用，在乳化油醋汁的同时，还能让蔬菜沾满酱汁。

乳化好的调味汁，色白而黏稠，几乎不能算是液体了，所以它才能牢牢地附着在蔬菜上。沙拉装盘后，搅拌用的碗中几乎不会残留水分和油分。希望大家都能够以此为目标反复练习。

为了统一肉块的厚度，
要将厚的部分敲薄。
虽然可以用瓶子来敲，
但松肉锤依然是最好的选择。
它的价格不贵，
又很耐用，能传到孙子辈，
还可以增添制作料理的乐趣。

第三章
主菜Secondi

主菜吃什么好呢？在家里，应该会经常这样考虑菜单——"昨天做了煎肉，那今天就做煎鱼吧"。其实，像这样最朴素的料理才是最美味的。如果能把基础的料理做好，料理水平自然而然就会渐渐提高。因此，我会首先教大家制作意式煎肉，包括避免肉质变柴的诀窍。之后，还会教大家炖煮料理和冷制主菜，以及大家都爱的炸肉排的做法！

煎肉的基本功

有一次，我在饲养日本土鸡的农家做客，

看到主人煎肉的手法实在是不专业，

于是就说："让我来煎吧！"

真心觉得不能糟蹋了这块好肉。

其实，料理手法不对，好肉都会被做得难吃。

相反，用对了方法，廉价的食材也能迸发出美味。

无论是猪肉、鱼肉还是鸡肉，煎制的基本功都是一样的。

大家也亲自尝试一下吧！

A 调整肉的厚度

肉块一般都会厚薄不均，这导致在烹调的时候有的地方容易熟透，有的地方则很难熟透。比如鸡胸肉，等到厚的部分完全熟透，薄的地方早已煎焦了，肉也会变得又干又柴。其实错不在肉，而在于我们的烹饪方法。

那么，正确的做法是怎样的呢？用菜刀在厚的地方划一道口子，以使此处的肉能够展开，让整体厚度达到统一。这样一块肉的不同部分就能差不多同时熟透了。如果是猪里脊肉，可以用敲肉锤敲打厚的部分，使厚度变为原来的一半就可以了。

B 腌制入味

用作煎烤的肉一定要事先用盐腌制，两面都要抹上盐。否则，食材本身的香味将难以散发出来。抹上盐后，根据肉的厚度和大小腌制 2 ~ 5 分钟，让盐慢慢溶解，入味后才能煎。这一步也是非常关键的。

C 一面煎至八分熟

大家在煎肉时，是不是将一面煎一会儿就翻面，然后再翻面，就这样不停翻面呢？如果是的话，就煎过头了。肉块的水分蒸发过度，肉质会变得又干又柴。如何平衡煎熟与鲜嫩之间的关系，是煎肉的奥妙所在。

答案是先煎装盘时朝上的一面，煎至八分熟即可。煎烤时，能看到的一面全部变白后，就说明另一面已经达到八分熟了。然后翻面并关火，用余热煎烤制即可。这样做出来的肉既不会太生，也不会太熟，能够保持鲜嫩多汁的口感。

鱼肉、鸡肉和猪肉的煎制方法都一样

step1

两面抹上盐，腌制
2 ~ 5分钟。

step2

按压表皮和脂肪部分，
充分煎制。

煎鱼肉

 →

煎鸡肉

 →

煎猪肉

 →

明白料理步骤后，马上动手尝试吧！

step3

装盘时朝上的一面先煎，盖上锅盖煎 2 ~ 5 分钟。

step4

这一面煎到七八分熟即可。

step5

关火。反面只需用余热煎制，不必再开火。

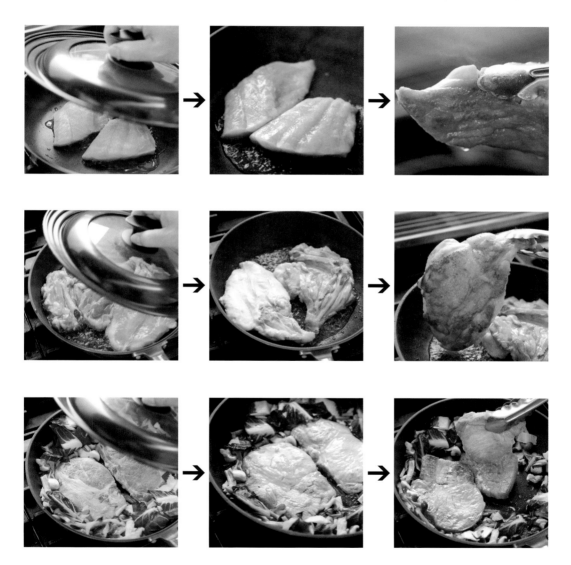

反复练习，直到能独立完成为止。

◎统一厚度是肉块均匀受热的前提

　　在家中想要做出鲜嫩多汁的煎猪肉，首先要统一肉的厚度。上面图片中是带皮猪里脊肉，左半部分脂肪较多，不容易熟透。右半部分瘦肉较多，容易熟透。就这样放入锅中煎的话，等到左边完全熟透时，右边的肉已经老了。解决这个问题的方法是敲打。用敲肉锤敲打左半部分，使其厚度变为右边的 2/3，就像上图一样。这样能够缩短左半部分煎熟所需的时间，是非常关键的一步。

◎表面有焦黄色即可

　　下面介绍煎制方法。里脊肉有一层厚厚的油脂（如上图正对我们的部分），一般人不会专门煎这一部分，殊不知猪肉的鲜美都存在于这些油脂中。煎脂肪层的方法是：用夹子将肉竖起来，让脂肪层浸于油中，直到表面出现焦黄色。这样煎出来的猪肉香味四溢。

　　接下来要煎猪肉的主体部分了。大家在煎的时候，是不是会不断地来回翻面，直至两面都煎至焦黄呢？如果是这样，难怪肉会变硬。其实只需要将其中一面煎至焦黄，另一面用余温加热即可。

　　具体操作是这样的：先煎正面，也就是装盘后朝上的那一面。开中火，待脂肪部分变色后转小火，盖上锅盖焖一会儿。其间要不时地晃动一下锅子，使猪肉受热均匀。2~3 分钟后揭开锅盖，会发现猪肉整体都变白了（仔细看的话，下面最白，越往上白色越淡一些），说明已经煎到了七八分熟。

　　此时立即关火，然后将肉翻面，静置用余温加热 2~3 分钟。这样肉就煎好了！切开后，会发现里面呈现出漂亮的淡粉色，这是煎得鲜嫩多汁的证明。

巴萨米可醋风味煎猪里脊

材料（2人份）

猪里脊肉……2 块（各180～200g）

盐……………………………适量

色拉油……………………少量

< 配菜 >

| 蟹味菇…………1 盒（60g）
| 香菇……4 ～ 5 个（40g）
| 口蘑…………1 盒（50g）
| 杏鲍菇…………1 盒（40g）
| 红菊苣（或卷心菜）……2 片

< 巴萨米可醋酱汁 >

| 巴萨米可醋…………60mL
| 盐…………………………适量
| 黑胡椒……………………适量
| 白砂糖……………………2 撮
| 黄油………………………10g
| 小麦粉……1/4 ～ 1/3 茶匙

◎ 可以加入欧芹增添一份绿意。

◎ 便宜的巴萨米可醋就能做得足够美味。

要点

—色泽粉嫩、柔软多汁

—在家中食用的话，可以切成小块后再装盘

—浇上巴萨米可醋酱汁的配菜铺在底部，既美观又美味！

1

好好观察里脊肉。
这是肋骨部位的里脊肉，上面是一层厚厚的脂肪，下面部分瘦肉偏多。

2

用敲肉锤敲打脂肪部分。
脂肪部分不易煎熟，所以只需敲打这部分即可，使脂肪部分的厚度变为瘦肉部分的 2/3。这一步会使口感截然不同。

3

切断筋。
脂肪层和瘦肉之间有筋相连，用刀尖将筋割断，割 2 ～ 3 处即可，同时注意不要过多地切到肉。

4

脂肪部分的筋也要切断。
脂肪部分也有筋。用刀尖在筋的部位竖着划 2 ～ 3 道口子，反面也是如此。筋被切断后，煎的时候肉就不会弯曲翘起。

5

大家知道腌制的时候如何撒盐吗？
用拇指和食指捏住一小撮盐，双指揉搓着将盐从高处撒下。当然，两面都要撒上盐。然后静置 2 ～ 3 分钟，让肉中的水分溶解盐。

6

准备好当作配菜的蘑菇。
各种蘑菇都不用去柄，切成竖条或者用手撕开，撒入一点盐，稍微混合。

7

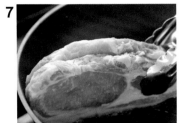

开始煎肉。首先是脂肪层的侧面。
平底锅中倒入色拉油并加热，先将肉竖起来煎侧面，开中火将脂肪层煎至金黄。当然，也可以将侧面贴在平底锅的边缘煎制。

8

接着煎正面。
倒掉锅中多余的油，用中火煎正面，待夹起确认正面的脂肪变色后转小火。

9

倒入配菜的食材，盖上锅盖。
转为小火后，将蘑菇和撕碎的红菊苣叶放在肉的周围，盖上锅盖，小火焖一下。偶尔需要晃动一下平底锅，2分钟后，打开锅盖。

10

肉块颜色全部变白后关火。
整体颜色都变白，就说明已经达到七八分熟了，此时关火。

11

翻面，用余温加热反面。
翻面后等待1分钟，然后将肉取出放在盘中，用锡纸或保鲜膜封好。因为接下来制作酱汁时，可以继续利用肉的余温加热，所以反面只需煎烤1分钟左右。

12

取出肉后制作酱汁。
开大火，趁蘑菇还没有变软之前向平底锅里加入少量冷水，然后依次加入盐、黑胡椒、巴萨米可醋、白砂糖。

13

小麦粉和黄油可以增加黏稠度。
取一小盘子放上黄油，倒入小麦粉并混合均匀。然后将其倒入平底锅中，关火。用橡皮刮刀搅拌均匀，配菜就完成了。最后将配菜倒在盘子上，表面放上切好的煎猪肉即可。

◎第一步是紧紧按压鱼皮

煎得好的鱼肉是非常美味的。觉得不好吃的人，大概是因为吃到的都是表皮黏软、鱼腥味重、肉质又老又柴的鱼肉吧。只要掌握诀窍，每个人都能做出美味的煎鱼。

鱼肉也要事先进行腌制，鱼皮部分要多撒一些盐。煎烤时，鱼皮朝下放入锅中，立刻紧紧压住，保持15秒左右。我经常会用手来完成这一步，因为用锅铲按压的话，就会留下上图左边的鱼肉上那样的痕迹。当然大家可以用锅铲来按，因为有些烫手。

这样压过的鱼肉会充分展开，表皮紧紧贴住锅底，形状也就固定下来。松手后，鱼肉也不会再弯曲，并且色泽金黄，香气四溢。

接下来的煎法和猪肉一样，盖上锅盖，转小火，4～5分钟后打开锅盖。这时鱼肉的边缘会泛白，可能还会冒出白色的小气泡，这些都是已经煎至八分熟的证明。然后晃动平底锅，让油在鱼身周围转一圈后，翻面，关火，等待30秒。鱼肉需要直接煎的部分也只有正面（带皮面），反面用余温加热即可。注意！翻面后不能再盖锅盖了，否则水蒸气会将酥脆的表皮变得黏软。

◎可以在厚的鱼肉表面划上几刀

如果鱼肉很厚，需要和猪肉一样调节厚度来使鱼肉受热均匀，可以在鱼皮上划一刀，再在反面最厚的地方划一刀。当厚的部位被切开，热量就容易传递到内部了。否则厚的部分完全煎熟时，薄的地方已经老了。

塔塔酱风味煎白身鱼

材料（2 人份）

金目鲷鱼肉·····················2 块
盐·······························适量
小麦粉··························适量
色拉油·························1 汤匙
黄油·····························10g
塔塔酱 *·······················3 汤匙

* 塔塔酱（10 人份）

蛋黄酱························300g
煮鸡蛋·························3 个
洋葱（切碎）···············1/4 个
酸黄瓜（切碎）
···············2 汤匙（约 50g）
欧芹（切末）·················适量
水瓜柳（切末）···15 粒左右
黑胡椒··························适量
芹菜·····························适量

◎ 比起斜切，把鲷鱼直切更适合做煎鱼肉。因为表皮面积更大，更便于煎烤。

◎ 根据季节不同，还可以用鰤鱼、鲈鱼、鳕鱼等做这道料理。

◎ 做塔塔酱用的洋葱用盐揉搓，拿布包起来后再用清水冲洗，然后拧干水分。酸黄瓜也需要轻轻拧出水分。

◎ 完成后还可以根据自身喜好摆上柠檬、芝麻菜等。

要点

表皮金黄酥脆，煎至这个程度，鱼鳞也能食用，鱼肉也不会破损

鱼皮酥脆，鱼肉松软鲜嫩。这就是煎鱼肉的美味所在！

与塔塔酱简直是绝配！塔塔酱最好做得干一些

1

鱼皮上多撒一些盐。
用盐进行腌制。用拇指和食指捏住一小撮盐，摩擦双指将盐撒落。鱼皮部分要多撒一些盐，例如若用一茶匙的盐，鱼皮上撒 3/5，鱼肉上撒 2/5。

2

静置 2 分钟，等待入味。
静置 2 分钟，等鱼中的水分完全将盐溶解。注意腌制的时候不用撒入胡椒，因为煎的时候油脂会让其脱落。

3

这是制作塔塔酱的全部材料。
在蛋黄酱中加入洋葱、酸黄瓜、欧芹、水瓜柳、芹菜等，混合均匀。可以多做一些，抹在吐司上或者搭配烤肉排，都是不错的选择。

4

拌入煮鸡蛋，完成！
蛋黄酱中加入带有香味的蔬菜后，再酌量加入黑胡椒。煮鸡蛋用切蛋器切片后，用菜刀切成条状，倒入塔塔酱中搅拌均匀，这样就大功告成了。

5

鱼皮裹上小麦粉。
使用低筋面粉和高筋面粉均可，只将鱼皮裹上小麦粉。

6

拍掉多余的小麦粉。

鱼皮上只需附着一层薄薄的小麦粉即可。粘上小麦粉煎烤后，色泽会更加金黄，也会更加酥脆。

7

平底锅中倒入色拉油。

含氟树脂加工的平底锅千万不能空烧。点火的同时倒入色拉油，让油温慢慢上升，这是所有料理的第一步。

8

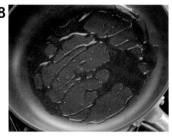

油能够顺滑地流动时，放入鱼肉。

转动平底锅时，如果油可以自由流动，就说明油的温度已经够了。加入黄油使其熔化，然后放入鱼块。

9

放入鱼肉后，马上压住鱼皮。

煎的时候从正面（带皮面）开始。入锅后立刻压住鱼身，使鱼皮紧贴锅底，保持15秒左右。一般我直接用手操作，当然，大家可以使用锅铲。

10

如果松手后也不会翘起，就可以盖上锅盖了。

持续不断的噼里啪啦声是鱼皮在煎烤的声音。煎烤过的鱼皮变得酥脆，松手后也不会再弯曲了。和煎猪肉时一样，此时盖上锅盖转小火。

11

盖上锅盖煎 4～5 分钟后，揭开锅盖。

如果锅中有轻微的爆破声的话，那就说明温度太高了，可以转动平底锅来分散热量。4～5 分钟后揭开锅盖，可以看到鱼肉的边缘全都变白，此时已经煎至八分熟了。

12

一边将油淋在鱼身上，一边煎烤。

倾斜平底锅，将积聚起来的油用勺子舀起来，淋在鱼身中间未熟的红色部分，滚烫的油能够使鱼肉变熟。

13

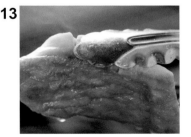

这样就煎好了。

关火，将锅中多余的油用厨房纸吸干，将鱼块翻面。不盖锅盖，30秒后外焦里嫩的煎鱼排就完成了。

◎一开始很关键

鸡肉和猪肉、鱼肉一样，煎制的第一步都是先调整肉的厚度。鸡胸肉也好，鸡腿肉也好，都需要在肉比较厚的地方划几道口子，这样厚的地方的肉就会展开，厚度就均匀了。

和鱼肉一样，鸡肉在煎烤的时候要先煎正面（带皮面），并注意舒展鸡皮。如果不去管鸡皮的话，它就会萎缩。一旦萎缩，就恢复不过来了，所以一开始的步骤很关键。鸡肉放入平底锅后，要马上用手揿开，将其紧紧贴在锅底，不用手按的话，可以在上面压一个重物。这样鸡皮就能够得到充分煎烤，变得非常酥脆，散发出独特的美味。

鸡皮烤至平整后松开（拿走重物），盖上锅盖。根据鸡肉的大小，小火煎 4 ~ 5 分钟，肉色发白就说明达到八分熟了。然后翻面，将鸡皮朝上，此时不用再盖锅盖，关火。鸡肉也是一样，直接煎的只有正面（带皮面），反面只需用余温加热即可。

◎简单即是美味

煎制料理考验的是对火候的掌控。如果火力过小，虽然鸡皮也能煎得酥脆，但是色泽不够金黄。而只有煎至焦黄，才能够香气四溢，所以色泽是非常重要的。可以多尝试几次，我们专业厨师也是屡败屡战，尝试好几次后才成功的。

这道料理的意大利名字是"Diavola"，意思是恶魔。据说在意大利会直接按住一整只鸡煎制，煎完的样子就如恶魔一样。这是意大利的传统料理，能够在家里吃到这样的料理是最幸福的。可能你会想："这能被称为料理吗？不就是煎了一下而已嘛！"其实不然，最简单的料理才是最考验手法的。如果能做好的话，也是很棒的。

恶魔煎鸡

材料（2 人份）

鸡腿肉·····················1 块

鸡胸肉·····················1 块

盐 ························· 1/2 汤匙

< 蒜油酱汁 >

橄榄油（或色拉油）···25mL

大蒜（切片）···········2 瓣

红辣椒（掰成两段并去籽）

···························1 根

迷迭香············· 4 ～ 5 枝

◎ 可以单独用鸡腿肉或鸡胸肉。

◎ 油多一些会更美味，橄榄油更佳。

◎ 最后可以洒上柠檬汁和橄榄油。

要点

金黄酥脆的表皮令人垂涎欲滴

肉质鲜嫩多汁，甚至还有一丝果香

迷迭香既可以增添香气，也可以作为装饰。因为已经炸至酥脆，可以和鸡肉一起吃掉

1

调整鸡胸肉的厚度。
在反面正中央，也就是肉较厚的地方纵向划一刀。如果肉块比较大，可以再在左右各划一刀，这样肉就会铺开，厚度就均匀了。

2

调整鸡腿肉的厚度。
在鸡腿肉的反面、鸡腿骨旁划开肉，厚度就均匀了。鸡腿肉中会有两三根筋，用刀尖割断。

3

撒盐。
鸡腿肉划开后需要将肉翻开，使整块肉自上而下厚度基本一致（如上图），这一步很重要。然后，在鸡胸肉和鸡腿肉的反面分别撒上一些盐进行腌制。

4

正面多撒一些盐。
鸡皮也需要腌制，而且要多撒一些盐。注意！鸡胸肉和鸡腿肉的正面都不用划口。

5

煎蒜油。
蒜片放入平底锅中，倒入橄榄油，倾斜锅底，开大火。冒出大量气泡后转小火，放入红辣椒，蒜片煎至金黄色。

6

红辣椒可以中途取出。

蒜片煎好后取出。红辣椒变焦后会产生苦味，所以可以中途就拿出来。

7

增添迷迭香的香气。

放入迷迭香，倾斜锅底，让油浸没迷迭香，小火加热至散发出香气后取出。将锅从火上移开降温。

8

放入鸡肉后，压一个平底的耐热器皿。

在步骤7的平底锅中放入鸡肉（带皮面朝下），然后在鸡肉上面放一个能将肉全部压住的器皿（如平底的盘子），开中火。

9

一开始很关键，虽然有些烫手。

一开始就要用手按在耐热器皿上，压住鸡肉，抻开鸡皮，否则鸡皮就会萎缩，那样的话既不好吃也不美观了。

10

或者放一个重物。

如果实在觉得烫手，可以把几个碗或盘子叠起来压在平底器皿上面，罐头也行，只要是有一定重量的物品都可以。用中火稍微煎烤一会儿。

11

表皮变得平整后，盖上锅盖。

锅中噼里啪啦的声音渐渐平息后，取下压在鸡肉上面的平底器皿和重物。这时鸡皮已经煎得很平整，不会再弯曲了。然后盖上锅盖，转小火煎烤。

12

4～5分钟后就会达到八分熟。

4～5分钟后，揭开锅盖，整块鸡肉基本都会变成白色。在切口周围可能还会有凝固住的蛋白质，这就是已经达到八分熟的标志。

13

翻面，关火，静置1～2分钟。完成！

这时正面已经色泽金黄。用厨房用纸将渗出的油脂吸干，然后翻面，关火。就这样用余温加热1～2分钟后就完成啦！

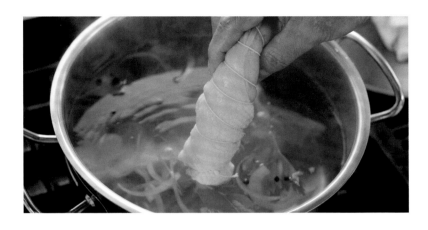

◎放入热水中后立即关火

可能有很多人这样想：鸡胸肉本来就很柴，煮过后也不会变得好吃的。在这里，我会教大家一种方法，可以让你改变对鸡胸肉的看法。

取一口大锅，倒入大量的水并加热至沸腾，有准备的话加入一些蔬菜碎。然后加入锅中水量1%左右的盐，投入鸡胸肉，马上关火盖锅盖。20 ~ 30分钟后取出，可以看到鸡胸肉已经完全煮熟了。

这和"海鲜沙拉"（本书第60页）中虾仁、扇贝的煮制方法是相同的。与其说是"煮制方法"，不如说是"火候掌控法"。说到煮，大家可能会觉得一定要用大火咕嘟咕嘟一直煮，但是这样一来，火候就会过头，造成食材水分流失严重，肉质变柴。必须关火，仅用水的热量来焖熟食材，鸡胸肉和海鲜才能保持鲜嫩的口感。

◎万能的鸡胸肉酱

鲜嫩多汁的鸡胸肉可以直接吃，也可以做成鸡胸肉酱——用手将肉撕碎，和鳀鱼干、水瓜柳、煮肉的汤汁一起放入搅拌机中打成泥就完成了。鸡胸肉酱的用途非常广泛，可以做意大利面、沙拉的酱汁，可以夹在三明治中，还可以抹在新鲜蔬菜上食用。

煮好的鸡胸肉切成薄片，上面淋上鸡胸肉酱，一道鸡肉＋鸡肉酱的主菜就完成了。

在意大利北部的皮埃蒙特也有一道类似的料理，是当地的名菜，不过他们是在嫩牛肉上面淋上金枪鱼酱。我以此为原型，将煨牛肉换成鸡胸肉，金枪鱼酱换成鸡肉酱，创作出了这道料理。这道料理可以事先做好冷吃，是聚会料理的不错选择。

让你改变对鸡胸肉的看法！重点是掌握火候控制的方法。

切片鸡胸肉佐鸡肉酱

材料（3～4人份）

鸡胸肉·········2 块（约400g）

盐···················水量的 1%

蔬菜（洋葱、胡萝卜、芹菜等）···适量

黑胡椒·······················适量

< 鸡肉酱 >

煮熟的鸡胸肉····1 块（上面用量的其中一块）

洋葱（切碎）··········2 汤匙

鳀鱼干（切块）··········2 片

水瓜柳（切开）······1/3 茶匙

煮鸡胸肉的汤汁····1 汤匙

蛋黄酱···············100g

盐、胡椒···············适量

牛奶·····················适量

◎洋葱切碎后过水，然后沥干。

◎完成后可以在表面放上小萝卜薄片和水瓜柳做装饰。

要点

鸡肉酱虽浓稠，但很清香，所以尽情地淋上满满一勺吧！

酱汁的底下是煮透的鸡胸肉薄片，尽情享受鸡肉与鸡肉酱的双重美味吧！

小萝卜片 + 水瓜柳装饰，可爱加倍

1

撕下一块鸡胸肉的皮。
将做酱汁的一块鸡胸肉的皮撕下，然后在鸡肉反面中央划几刀，使其厚薄均匀。

2

另一块鸡胸肉卷起来后，用棉线系紧。
这块鸡胸肉不用去皮。因为切片吃的鸡胸肉的切面应该是圆形，所以要用棉线系起来。

3

大锅中倒入大量的水煮沸，加入蔬菜。
煮满满一大锅热水，家里如果有常备蔬菜的话，可以切碎后倒进去。放入黑胡椒，煮沸后能够去除肉的腥味。

4

加入水量 1% 的盐。
例如，3L 热水的话，就加入 30g 的盐。

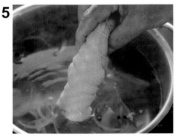

5

放入鸡肉，立即关火。
两块鸡胸肉都放入热水中。关火。

6

盖上锅盖焖一段时间。

盖上锅盖来保持水温,然后放置20 ～ 30 分钟(可以根据肉的大小来调整时间),用水的热量来焖熟鸡肉。

7

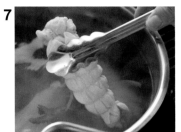

20 ～ 30 分钟后取出。

看!整块鸡肉都松软且膨胀了,这就说明熟的程度正好。如果不放心的话,可以用竹签扎一下,如果有透明的汁水流出,就说明已经熟了。

8

做鸡胸肉酱。

没有系棉线的那一块鸡肉用手沿着纹理撕开,可以看到,里面也已经熟透了,看起来十分好吃。

9

其他材料也一起放入搅拌机中吧。

将步骤 8 中撕碎的鸡肉、洋葱、鳀鱼干、水瓜柳、一半的蛋黄酱以及煮鸡肉的汤汁(1 汤匙)一起放入搅拌机中,打开开关搅拌。

10

打成稍微干一点的糊状。

搅拌后会变成偏干的糊状物,尝一下味道,淡的话再加入一点盐,搅拌均匀。

11

加入蛋黄酱。

将鸡肉酱倒入碗中,加入剩余的蛋黄酱并搅拌均匀。

12

加入牛奶,根据自己的口味进行调整。

如果觉得太稠而再加入蛋黄酱进行稀释的话,味道可能会变酸,所以可以加入牛奶。但同时咸味也会被冲淡,可以再加入一些盐补充。

13

最佳的状态是酱可以从叉子缝中滴落。

鸡肉酱的制作完成。将另一块鸡肉上的棉线解开,切成 2 ～ 3mm 厚的薄片后装盘,表面淋上一勺鸡肉酱,再用小萝卜片和水瓜柳做装饰。

鸡胸肉＆鸡肉酱还可以这样吃。

随心配1 鸡胸肉三明治

　　将鸡肉酱（本书第 90 ~ 91 页）做得稍微干一些，然后加入少量塔巴斯哥辣酱（Tabasco），搅拌均匀。煮好的鸡肉（本书第 90 ~ 91 页）切成薄片。

　　◎**三明治 A** 在一片吐司（白吐司比较合适）的一面像抹黄油一样抹上满满的鸡肉酱，叠上几片黄瓜片，撒上一点盐。在另一片吐司的一面抹上满满的鸡肉酱，将两片吐司合在一起。

　　◎**三明治 B** 在两片吐司单面各抹上薄薄的一层鸡肉酱。然后放上鸡胸肉切片和牛油果切片，用手将生菜叶拍平后也放在上面，撒上一点盐，将两片吐司合在一起。

　　三明治 A 有着鸡肉酱独有的绵软口感，大家一定要尝试一下。三明治 B 比较厚，牛油果和鸡胸肉的搭配也十分美妙。大家可以只做其中一种，或者吐司上只涂一层鸡肉酱，撒上现磨黑胡椒，做成简易的三明治也很好吃。

▆随心配2 鸡胸肉沙拉

鸡肉酱中挤入一点柠檬汁，放入盐进行调味，做得稀一些。然后将其装进塑料袋，并在尖端剪一个小孔。鸡胸肉切成薄片。

◎在盘子的中央堆一些沙拉菜，放上几片洋葱圈，周围摆上鸡胸肉薄片。将鸡胸肉酱均匀地挤在表面，最后撒上水瓜柳。

鸡肉酱的口味可以根据自己的喜好进行调整。加入少量的柠檬汁和塔巴斯哥辣酱，就会变成微辣的口感；加入柚子胡椒和芥末会很爽口；加入鲜奶油和牛油果酱，就会变得浓稠醇厚。

◎鸡胸肉牛油果沙拉也是我所喜爱的。将煮熟的鸡肉撕碎，牛油果切成和鸡胸肉差不多大小的形状。洋葱末和大葱末加盐揉搓，用水冲洗后挤干水分，然后加到鸡胸肉和牛油果中。最后加入蛋黄酱、柚子胡椒、柠檬汁，搅拌均匀。大家可以试着做做看。

◎将小肉块变成又大又薄的肉排

米兰煎小牛排，想必熟悉意大利料理的大家已经耳熟能详了。而这里要教给大家的是米兰风味的另一道菜——米兰炸猪排。这道料理中油的用量只比炒菜时的用量稍多一些，因此在家中也完全可以制作。

另外，这道料理不必使用专门的猪排，超市里常见的猪里脊肉、猪腿肉就可以。我们要做的，就是买一些小块的肉，然后将它们做成一片又大又薄的肉排。你觉得很难吗？不，如果有敲肉锤的话是轻而易举的事。所以一定要准备一把敲肉锤，价格不贵，还耐用，可以作为传家宝一直用下去，甚至女儿出嫁的时候也可以让她带走。

做这道炸猪排时用的面包糠也不一样。做日式炸猪排时用的面包糠是很粗的，但是意大利和法国没有粗的面包糠，他们用的是很细腻的面包糠。所以我们需要将市面上出售的面包糠放入搅拌机中搅碎，或者将家中没有吃完的面包撕碎，放置 1～2 天后使其变得干燥，然后将面包碎一股脑儿倒进搅拌机中搅碎（店里经常采取这种方法，因为剩余的面包很多）。之后，再往做好的面包糠中加入帕玛森奶酪，会变得特别好吃。

◎摇晃平底锅！

炸肉排时火候要控制在中火以下，注意不要让锅过热。我会不停地摇晃锅子，通过摇晃可以分散锅中的热量，而且肉排会在锅内移动，与火接触的部位就会不断发生变化，均匀受热后整片肉排都能被炸至诱人的金黄色。

米兰风味的炸猪排上有网格状的纹路，这也是有原因的。形成网格状纹路后，在煎的时候肉就不会弯曲翘起了。

意式炸猪排

材料（2 人份）

小块猪腿肉·················200g

盐、胡椒····················少量

面粉························适量

鸡蛋·······················1 个

面包糠 *····················100g

帕玛森奶酪粉················30g

橄榄油（或色拉油）········约 30g

黄油·················1 小片（约 10g）

< 配菜沙拉 >

  意式新鲜番茄酱（第 54 页）

  ························适量

  芝麻菜·····················1 把

* 将市面上出售的面包糠放在搅拌机中搅碎。

◎炸猪排需要趁热吃，所以配菜沙拉要事先准备好，用冷藏或常温的意式新鲜番茄酱都可以。

◎根据个人喜好，最后可以在表面撒上帕玛森奶酪粉。

要点

猪排大而柔软，
通过捶打，
切断了肉纤维。

色泽金黄，
如同金币，
这才是正宗的米兰风味
炸猪排。

热腾腾的炸猪排，
蘸着沙拉汁吃，
更加鲜香。

1

小块的猪肉就能做炸猪排。
可以用小块猪腿肉，最好是瘦肉。

2

用敲肉锤拍打。
不要太用力，从肉的边缘向中心拍打，使其变薄变大。然后翻面，继续拍打。

3

肉变薄后叠起来，继续拍打。
每一块肉都拍薄后，将它们叠起来，然后继续拍打，碰到肉筋的话就用手取出。

4

盖上保鲜膜，继续拍薄。
这样肉就不会粘到敲肉锤上了，过程会更加顺畅。在拍打过程中，肉排"破洞"也没关系，只需将肉往中间拢一拢，继续拍开。

5

将拍成薄片的肉叠起来继续拍打。
用菜刀将猪排左右两侧铲起，叠盖起来，然后盖上保鲜膜继续拍打。这样的操作重复 3 ~ 4 次，待排的厚度变为 2 ~ 3mm 就可以了。

6

撒上盐，拍上薄薄的一层面粉。
用手调整猪排的形状，在其中一面撒上盐和胡椒调味。然后把猪排放在掌心上，在同一面拍上小麦粉。这是为了更好地裹蛋液，所以薄薄的一层即可。

7

依次裹上蛋液和面包糠、帕玛森奶酪混合成的面衣。
猪排裹上蛋液后，再放入面包糠和帕玛森奶酪的混合面衣中。

8

整形后敲出格子状纹理。
将猪排放在砧板上，用刀背将形状调整为椭圆形。用刀背在表面敲出格子状纹理，只敲这一面即可。

9

橄榄油和黄油变热后放入猪排。
锅中放入橄榄油和黄油，要能够浸没一半猪排。大火加热，锅内冒出大量气泡后放入猪排，正面（格纹面）朝下。如果油温不够高时就放入，猪排会吸收过多的油分，炸好后变得很油。

10

放入猪排后转中小火煎，不能继续开大火。
一直用中小火煎，并且注意不要让锅中冒烟。如果有冒烟的迹象，就把锅子移开并晃动几下。

11

炸至金黄后翻面。
等到正面变为金黄色时就翻面。因为反面容易炸焦，所以要将火再关小一点，并在翻面的时候将锅中的油倒出。

12

反面煎一会儿，让其带有一点焦黄。
一边晃动平底锅，一边将猪排煎至焦黄。正面和反面的时间比例为6：4，如果锅中冒烟了，就把平底锅从火上移开进行降温。

13

反面煎至这个程度，完成！
将煎好的猪排用厨房用纸吸干多余的油分，放在盘子中，再在旁边放上芝麻菜和意式新鲜番茄酱混合而成的沙拉。快趁热吃吧！

◎鸡肉煎至呈现焦黄色

这是一道古老的意大利炖煮料理，它的意大利语 "Cacciatora" 是猎人的意思。也许它的起源是，猎人将捕获的猎物放入蒜油酱汁中翻炒，然后采摘一些周围的迷迭香来增添香气，最后倒入红酒醋和喝剩下的红酒，经过长时间的炖煮形成的一道美食。

我们厨师在做这道料理的时候，会用一整只鸡。家庭自己做的话用鸡腿肉即可。无论是带骨还是不带骨的鸡肉，都切成两口吃完的大小。

首先，将裹着小麦粉的鸡肉放在蒜片、辣椒以及迷迭香的油中煎烤。这一步中最关键的是将肉煎烤出焦黄色。只有变成焦黄色，才能做出色香味俱全的猎人风炖鸡。

◎蒸发水分，留下美味

鸡肉煎好后，依次加入以下三样东西：红酒醋（或者普通的醋）、白葡萄酒（或者日本清酒）、水。将醋和葡萄酒中的水分煮干，这是第二个关键点。完全煮干后，锅中的水分和油分会融合在一起，酱汁也将变得黏稠。特别是红酒醋，刚倒入锅中时会发出呲啦一声，之后会变成噼里啪啦的声音，这就说明水分已经完全蒸发了，而残留在锅中的醋香已经融入到了酱汁中。

之后加水，转小火炖煮半个小时。如果途中发现煮干了就再加一点水。因为通过炖煮蒸发的是水分，所以只需要加水。

你们知道为什么要加入土豆作为配菜吗？因为要蘸酱汁吃。用叉子叉起一块土豆，蘸取满满的酱汁后送进口中，唇齿留香。通常炖煮料理会给人以冬天的感觉，但是这道料理适合于任何季节。又酸又辣的猎人风炖鸡，即使是在炎炎夏日，也能让人胃口大开。

美味的秘诀在于蒸发掉醋和红酒中的水分。

猎人风炖鸡

鸡腿肉（切成两口大小）······1kg
  盐 ·················· 1/2 茶匙
  小麦粉 ·················· 适量
土豆 ···························· 3 个

<炒蔬菜酱>
  洋葱（切丝）············· 1 个
  色拉油 ·············· 1/2 汤匙

<蒜油酱汁>
  橄榄油 ············· 30mL
  迷迭香 ··············· 2 枝
  大蒜（对半切开）······ 1/2 瓣
  红辣椒（掰成两段并去籽）
  ···························· 1 根
红酒醋（或米醋）······· 100mL
白葡萄酒（或清酒）····· 250mL
水 ····················· 约 800mL
盐 ····························· 适量
橄榄（去核）················· 适量

◎土豆去皮，切成大块，用保
鲜膜包起来放入微波炉中加热
3 ～ 4 分钟，然后放入平底锅
中煎至表面焦脆。

◎橄榄黑的或绿的均可，如果
没有的话也可以不加。

要点

酱汁黏稠，
油和水已经充分融合。

鸡肉煎得恰到好处，
又煮得鲜嫩柔软，
看起来就很不错。

用叉子叉起一块土豆，
蘸上满满的猎人酱汁，
唇齿留香。

1

洋葱丝煸炒至熟软。
平底锅中倒入色拉油，放入洋葱丝，
开中小火翻炒。2 ～ 3 分钟后，如
果洋葱丝已经熟软，而且颜色也发
生了变化，就倒入炖煮用的锅中。

2

熬制迷迭香风味的蒜油酱汁。
平底锅中倒入橄榄油，放入迷迭
香，倾斜锅子，开小火加热。闻到香味
后取出迷迭香，接着放入蒜片和红
辣椒。

3

如果有大蒜碎屑，一定要取出。
一开始开大火，油锅大量冒泡后转小
火，煎炸至蒜香四溢。大蒜碎屑容易
焦，所以一定要及时取出。如果看到
红辣椒变黑的话，也及时取出。

4

鸡肉煎烤出焦痕，能够增添鲜味
与香气。
鸡肉撒上盐，并裹上小麦粉，然后
放入步骤 3 的锅中。开大火，一边
晃动平底锅一边煎烤，煎至出现焦
痕，这一步很关键。

5

将鸡肉倒进炖煮用的锅中，油也
一起倒入。
将鸡肉倒进已经放入炒蔬菜酱的煮
锅中，残留在平底锅中的橄榄油也
要一起倒入，因为油中融入了鸡肉
的鲜香。

6

点火加热，倒入红酒醋。
开大火，待锅中传来咕嘟咕嘟的声音后加入红酒醋。一开始会发出呲啦一声，然后逐渐变为噼里啪啦的高音。

7

大火烧至声音完全消失，醋的水分也就蒸发完了。
音调变高是因为水分蒸发，而油分留在了锅中。一直开大火加热，直到醋中水分完全蒸发。

8

水分被煮干时，倒入葡萄酒。
倒入葡萄酒的瞬间也会发出呲啦一声，注意一定要在醋的水分完全蒸发后再倒入葡萄酒，并且一直开着大火。

9

一直用大火煮，直到能看见锅底为止。
将红酒也煮干，这是决定好吃与否的关键。步骤6～9是本道料理的核心步骤，如果完成得不好，味道就不尽如人意了。

10

汤汁收至能看见锅底时，倒入刚好能浸没鸡肉的水。
倒水时自然也会发出呲啦一声，待水沸腾后转小火，继续煮30分钟。此时需要盖上锅盖，防止水分蒸发。

11

火力要小。
注意火力要小，蒸汽使锅盖轻微颤动即可。如果火力过旺，油和水容易分离。

12

在有汤汁的地方撒入盐。
水的总量变为原来的2/3时，加盐进行调味。在有汤汁的地方撒入，更利于盐的溶解。

13

倒入土豆和橄榄，小火微煮即可。
如果觉得麻烦，土豆只在微波炉中加热即可，但是放入锅中煮到带有焦痕的话会更香。如果有橄榄的话，放进去稍微煮一会儿，这道猎人风炖鸡就完成了。

食谱中装不下的重要注意事项

拥有"咸味标准"

在料理培训班和厨师学校看大家做料理时，我发现了一个普遍的问题，就是用盐不足。有时我会故意调侃道："今天的主题是病号餐吗？"看到大家茫然的表情，我会解释道："味道太淡了，吃不出来。"可能做菜的人总是担心被吃菜的人说"味道太咸了"，但是，咸淡适宜的料理才能称之为美食。

例如，有人对你说："这是上好的金枪鱼，任何东西都不要蘸，就这样吃吧。"你吃下一块，感觉确实是上好的金枪鱼。然后他又对你说："再吃一块吧。"这时你会直接吃吗？你肯定想蘸点酱油或撒点盐再吃吧？不然的话，再好的金枪鱼也会腻。

调味是人类特有的本领，用盐不足就不能让食物的味道出彩。即使用再好的肉，最终的味道依旧不尽如人意。我认为如果一直给孩子吃味道淡的食物，对孩子的味觉发育是不利的。无论是自己做，还是在外面吃，拥有自己的"咸味标准"是很重要的。

大家知道如何尝味道吗？

其实，尝味道也有诀窍。首先是时机，放入盐后马上尝是尝不出真正的味道的，要等盐完全溶解，均匀分布到锅中后才能尝。要等待 2 ~ 3 分钟（根据量的多少调整），这时才能尝出真正的咸淡。其他的调料也是一样，需要耐心等待，直到其均匀地溶解在锅中。

其次是尝味道的方法。例如，如果要尝意大利面酱汁的味道，我会把勺子浸没在酱汁中，然后把勺子放在舌头上，让舌头贴在勺子的背面。当把勺子从嘴巴里拿出后，上腭也会粘上酱汁，这样就能充分地品尝到酱汁的味道。

火候决定料理的美味程度

"大火煮至沸腾，沸腾后转小火"这句话在本书中反复出现。另外，放入常温的食材后，锅中的温度会下降，所以一定要重新开大火。不仅仅是意大利料理，所有的料理都要遵循这些基本原则。

尤其要注意的是，食材放入锅中后，就尽量不要翻动了，只需要注意调节火候。可以通过以下三个方法控制火候：调小火力、将锅子从火上移开，以及晃动锅子。前两者都好理解，为什么晃动锅子能降温呢？这是因为，晃动时可以将锅中的温度分散，这和用嘴呼呼地吹热水来使水降温的原理是一样的。

总之，火候的控制最好谨慎一些，这样做出来的料理既不至于夹生，也不会熟得过头。有这样的意识才能做出好吃的料理。

第四章
甜品 Dolce

　　主菜过后就是令人愉悦的甜品时间啦！我最推荐的家庭意式甜品不使用面粉，取而代之的是水果。用水果做出来的甜品，有着可爱的外表以及酸甜的口感，还散发着诱人的果香，做的时候都会感觉很幸福。要怀着快乐的心情去做甜品，味道才会好。做料理也是，如果做的人不快乐，做出来的料理也不会好吃。

没有高级水果也无妨，
用普通的水果即可。
用冷冻的草莓做出来的草莓慕斯，
颜色会更加鲜艳。

◎任何草莓都能拿来做，甚至冷冻草莓也可以

我最想教大家做的就是草莓慕斯，大家应该也很想学吧！但凡学过的人都会说："在家也能做出草莓慕斯，真是太棒了！"

只要家里有料理机或搅拌机就能轻松完成。当然还需要准备一个裱花袋，用来装鲜奶油。没有的话，可以在塑料袋上剪一个小孔来代替。不过，用裱花袋做出来的慕斯更漂亮。

如果可以买到应季草莓的话自然很好，不是应季的也没关系。草莓不够甜的话可以加一些白砂糖，香气不够的话可以加一点草莓利口酒。使用冷冻草莓也可以，而且，冷冻草莓颜色更加鲜亮（第 108 页的草莓果酱就是用冷冻草莓做的）。只是冷冻草莓中需要加入一些白砂糖来增加甜味。

◎打发鲜奶油时速度要快

草莓慕斯是三种材料的混合物，即草莓果酱、打发的鲜奶油和蛋白霜。入口即化的口感就是奶油与空气融合得恰到好处的最佳证明。整个过程中，鲜奶油和蛋白的打发是关键所在。

大家平常都是怎么打发鲜奶油和蛋白的呢？打发过程并不是用打蛋器随意搅拌，而是贴着碗壁，不断地快速画圈，空气自然就融进鲜奶油和蛋白中了。

在这里，速度是关键，速度不够快是不能将鲜奶油和蛋白打发的。还有一点值得注意的是，不要将鲜奶油打发过头，否则就会油水分离。蛋白也是一样，打发过度会出水。

掌握了草莓慕斯的做法，之后做巧克力慕斯就很轻松了。一步一个脚印地变成甜品大师吧！

草莓慕斯

材料（4 人份）

< 草莓果酱 >

草莓 ··················	300g
白砂糖 ················	20g
柠檬汁 ················	少许

鲜奶油（含脂量约 40%）	
··················	200mL
白砂糖 ················	20g

蛋白 ··················	1 个
白砂糖 ················	20g

< 装盘用 >

草莓 ··················	12 个
薄荷 ··················	适量

要点

用草莓做出一个装饰，可爱的外观，也是美食的一部分。

浇上酸甜可口、浓稠顺滑的草莓酱，增加粉色渐层。

慕斯要做得轻盈而入口即化。

1

加入草莓和白砂糖，启动搅拌机。首先做草莓果酱。草莓去蒂后放进搅拌机，再加入白砂糖和柠檬汁，搅拌至顺滑的糊状。

2

搅拌后是这样的状态。倒出一半的果酱留做最后的抹面，剩下的一半用来做慕斯。

3

将鲜奶油打发至出现纹路。鲜奶油和砂糖放入碗中，用打蛋器打发。打发时，将碗倾斜，打蛋器要贴着碗壁来回画圈。只有快速打发，空气才能混入其中。

4

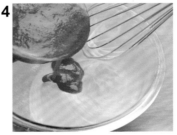

打发的鲜奶油中加入果酱。将草莓果酱分 3~4 次倒入打发好的鲜奶油中。每加入一次，都要用打蛋器搅拌均匀。

5

从边缘向中间搅拌。果酱全部加入后，用左手逆时针转动碗，右手拿着打蛋器轻轻地进行搅拌，直至变为冰淇淋状。

6

在另一个碗中打发蛋白。
将蛋白放入一个干净的碗中，倾斜着碗开始搅打。提醒一下，用一个较大的碗手不容易酸。

7

打发至出现比较密的泡沫时，加入砂糖。
加入一半的砂糖后继续打发。注意！如果一开始就加入的话，蛋白是无法被打发的。

8

加入剩下的砂糖，继续打发。
打发时，只需要用打蛋器左右来回碰撞碗壁即可，速度要快。1分钟后，蛋白会变成蛋白霜。觉得差不多了就停止手上的动作，注意不要打发过头了。

9

将蛋白霜加入步骤5的碗中。
将步骤8中的蛋白霜少量多次地加入步骤5的碗中（鲜奶油＋草莓酱）。每次加入后，用橡皮刮刀从下往上翻拌，混合均匀，注意不要画圈搅拌而使蛋白霜消泡。

10

慕斯制作完成。
一边转动碗，一边用刮刀沿着边缘翻拌，让它变为均匀的粉红色。因为充分混合了空气，慕斯的口感轻盈绵软，入口即化。

11

挤入杯中，冷藏。
将草莓切成小块放入杯底。裱花袋中装入慕斯，挤在杯中。挤的时候，要将开口插入慕斯中，这样慕斯杯中不容易产生空气泡，最后在上面淋上步骤2中的果酱。

12

你知道这样的装饰吗？
从草莓尖端插入一根粗吸管，芯和蒂就会被一起带出来。把这个别致的草莓和薄荷一起装饰在慕斯上，可爱值加倍。

◎熟练地打发蛋白霜

　　巧克力慕斯和草莓慕斯的做法是相同的，也是用三种食材做成：熔化的巧克力、打发至出现纹路的鲜奶油以及打发至干性发泡（提起打蛋器，蛋白能拉出一个短小直立的尖角）的蛋白。不必加入明胶，慕斯也可以顺滑又醇厚。

　　大家都想做出入口即化的慕斯吧，制作的关键就在于鲜奶油和蛋白的打发。特别是打发蛋白，每个人都要熟练地掌握。由于一个蛋白的量很少，所以在打发的时候要倾斜玻璃碗，将蛋白集中在一处。另外，玻璃碗和打蛋器一定要洁净，因为蛋白不能被打发的原因通常是器具上有油或水。

　　之前也说过好几遍了，所谓打发，不是一味地搅拌，而是用打蛋器贴着碗壁快速画圈。记住，打发蛋白要至出现较密的泡沫时再加入白砂糖，如果一开始就加入的话，蛋白永远都不能被打发。

◎适合大人的甜品

　　用可可粉也能做巧克力慕斯，虽然颜色可能会比较淡，但是味道不输用巧克力做的。当然，用上好的黑巧克力做的话，就更符合成年人的口味了。

　　既然是做给成年人吃，那就再加入一些朗姆酒风味的焦糖香蕉片吧！热腾腾的烤香蕉片搭配绵软的巧克力慕斯，让人欲罢不能。在家就能吃到如此美味，简直太幸福了！

巧克力慕斯

材料（4 人份）

巧克力 110g

鲜奶油（含脂量约 40%）
.... 120mL

蛋黄 .... 1 个

< 蛋白霜 >

蛋白 .... 1 个（60g）
白砂糖 40g

< 朗姆酒味烤香蕉 >

香蕉 .... 2 根
朗姆酒 .... 2 汤匙
黄油 30g
白砂糖 20g

< 装盘用 >

巧克力（碎屑）.......... 适量
薄荷 .... 适量

要点

巧克力慕斯醇香丝滑，
入口即化。

淡淡焦糖色的香蕉片
趁热摆盘，
巧克力慕斯堆成小山状。

最后表面撒上巧克力碎屑，
也可以撒上可可粉或糖霜。

1

巧克力切碎后隔热水熔化。
巧克力切碎，放入碗中，将碗放在
热水锅中，开小火将巧克力熔化。

2

不好熔化时，加入一点鲜奶油。
从准备好的鲜奶油中舀出 2 ~ 3 汤
匙，加入到隔水加热的巧克力中，
然后用勺子搅拌均匀。这样既能加
速巧克力熔化，也方便其取出。

3

鲜奶油打发至七分状。
将剩下的鲜奶油打发。打发至体积
蓬松时，加入蛋黄搅拌均匀。当然，
不加蛋黄也没关系，不过既然用了
蛋白，蛋黄最好也不要浪费了。

4

加入步骤 2 中熔化的巧克力。
用勺子舀出熔化的巧克力，一边倒
入鲜奶油中，一边继续将鲜奶油打
发至八分，出现纹路。

5

将巧克力和鲜奶油混合均匀。
此时，全部的巧克力和鲜奶油都已
混合均匀且顺滑。

6

接着，打发蛋白。

蛋白霜要用干净的碗和打蛋器制作。如果打蛋器上有油或水的话，蛋白就不能被打发了。在蛋白的量很少的情况下，可以将碗倾斜，让蛋白聚集到一边。

7

打发至出现较密泡沫时，加入一半的白砂糖。

加入白砂糖，继续打发。然后，再加入剩下的白砂糖。每次加入白砂糖后，都要用打蛋器左右来回快速地搅拌。

8

将蛋白打发至干性发泡是很关键的一步。

打发的过程中，碗要一直倾斜着。左手用力握住碗，打蛋器来回移动，直至干性发泡。

9

将打至干性发泡的蛋白霜倒入步骤 5 的碗中。

蛋白霜打好后，倒入巧克力和鲜奶油的混合物中，翻拌均匀。蛋白霜最好打得硬一些，至翻拌时有点费力的程度为好。

10

翻拌的时候，注意不要破坏蛋白霜中的气泡。

蛋白霜可以一次全部倒入，一边转动碗，一边用橡皮刮刀翻拌均匀。要从边缘以顺时针的方向进行翻拌，尽量不要使蛋白霜消泡。

11

至此慕斯就完成了。

做好的慕斯非常绵软，外观就像巧克力冰淇淋一样。

12

制作朗姆酒风味香蕉。

香蕉斜切成片，倒上朗姆酒，撒上白砂糖。

13

香蕉煎至焦糖色。

在平底锅中将黄油熔化，用中小火煎香蕉片。翻动太频繁的话香蕉上的砂糖会脱落，所以用手指翻一下就行，但请注意不要烫伤了。煎好后摆盘即可。

◎ 是谁发明的呢？

这道甜点很有意思，主要的材料是橙子和西柚。去果皮，只取果肉，然后将果肉放进锅中煮。

虽说是"煮"，但不要煮沸。如果任其咕嘟咕嘟地沸腾，水分会很快蒸发，果香也会消失殆尽，甚至变得苦涩。所以绝对不能煮到沸腾。煮的过程中要偶尔搅拌一下，这样果肉就会分解，果粒也就自然散开变成浓汤了。怎么样？很有趣吧！

橙子和西柚的果肉散开后，会留下果粒，渗出果汁，这道甜点的基础就完成了。一般的冷汤是蔬菜冷汤，而这道甜点是水果冷汤，味道独特，十分清爽。

有人在吃过这道小火慢煮而成的柑橘果粒浓汤后，赞叹道："发明出这道料理的人简直是天才啊！"然后我就会说："请不要吝惜您的赞美，因为这道料理是我发明的。"其实，我原本是想以这个方法做柑橘果酱的，没想到果酱没做成，反而发明了一道新的甜点。

◎ 一定要有冰淇淋！

漂浮在冷汤上的水果用什么都可以，完全可以根据自己的喜好来决定，比如西瓜、草莓、哈密瓜、芒果、无花果等等。可以将应季水果切成小丁放入冷汤中，让它们漂浮在表面。

然后轻轻放上一颗冰淇淋球，美味加倍。因为这道甜点中没有加入白砂糖，所以甜度全靠冰淇淋来调整。当冰淇淋的香甜遇上水果的微酸，味道无与伦比。最后撒上切碎的薄荷叶。

水果冷汤

材料（4 人份）

西柚 ·························· 2 个

橙子 ·························· 2 个

果汁（橙汁、西柚汁、血橙汁等）

·························· 200mL

< 配料 >

草莓 ·························· 4 个

猕猴桃 ······················ 1 个

芒果 ························· 1 个

蓝莓 ························· 适量

薄荷 ························· 少量

冰淇淋 ····················· 4 大勺

◎ 草莓纵向对半切开，猕猴桃和芒果切片后四等分。

要点

果粒粒粒分明是最佳状态，口感也很棒。

放入各种水果，就像各色宝石点缀在表面一样。

冷汤配上融化的冰淇淋一起吃，才是最美妙的。

1

削橙子皮。

将橙子两头切掉后，平放在砧板上，一只手按住橙子，另一只手用刀将果皮从上往下贴着果肉切下。

2

削西柚皮。

也将西柚两头切掉，像削苹果皮一样转动着将果皮削除，做不到的话可以和削橙子皮一样去削。

3

从内果皮之间取出果肉

将西柚拿到锅的正上方，从内果皮和果肉间入刀，一瓣一瓣地将果肉切下，让它掉到锅中。

4

用手挤干内果皮中的水分。

当然，内果皮上会残留一些果肉，可以用手挤出果汁。因此取果肉时有一些残留也没关系。

5

用同样的方法取出橙子果肉。

取橙子果肉的方法和西柚一样。

6

橙子内果皮也拧干。

令人意想不到的是，橙子内果皮也能挤出很多果汁，所以任何一点食材都不要浪费。

7

接下来的工作就是煮，要加入果汁一起煮。

将果汁倒入锅中，一开始开大火煮，冒小气泡后马上转小火。

8

保持锅中冒着小气泡的状态煮。

为了防止水分蒸发，千万不能让锅中沸腾，要保持冒着小气泡的状态。如果感觉有一点沸腾，就要马上将火调小。

9

果肉开始散开，摇晃锅子继续煮。

首先散开的是西柚果肉，一边晃动锅子一边煮，果肉自然就分散了。为了维持果粒的完整，千万不能用刮刀过度搅拌。

10

橙子果肉也散开了。

继续熬煮，偶尔晃动一下锅子，橙子果肉也会渐渐散开。等果肉全部散开后关火，倒入不锈钢盆中。

11

放入冰水中降温。

将盆放入冰水中，降温速度会更快。用刮刀轻轻搅拌，等降温后放入冰箱中冷藏。

12

放入切好的水果

将冷藏后的果肉汤取出。放入切成小块的水果，稍作搅拌倒入餐盘中。然后加上冰淇淋，撒上薄荷叶，一道诱人的水果冷汤就做好了。

◎罗曼诺夫和提拉米苏的区别

罗曼诺夫和提拉米苏很像孪生兄弟，虽然它在日本的知名度远不如提拉米苏，但它口感更加轻盈，制作也更加简单，其魅力毫不逊色。

制作提拉米苏用到的食材有鲜奶油、马斯卡彭奶酪、蛋黄和白砂糖，而罗曼诺夫中还要加入蛋白霜。正因为加入了充满空气的蛋白霜，罗曼诺夫的口感比提拉米苏更加轻盈松软。

另外，提拉米苏需要和海绵蛋糕或者手指饼干搭配，而罗曼诺夫可以单独吃。当然，加入新鲜的水果会更美味。在家就能吃到这样松软又清爽的甜品，你们是不是心动了呢？

◎想尝试季节限定的甜品吗？

罗曼诺夫可以搭配任何水果，比如香蕉、草莓、芒果、哈密瓜、葡萄等。另外，还有一些热带水果，如杨桃、火龙果等，它们形状很好看，味道却不够甜，像这样的水果和罗曼诺夫搭配着吃刚刚好。

在我的店里，草莓罗曼诺夫是冬季限定的甜品，很受欢迎。鲜红的草莓配上罗曼诺夫，再加上雪白的糖霜，相信外观就足够诱人了。总会有很多顾客等不及地问："什么时候才能吃到啊？"其实大家不妨在家中尝试自己制作，搭配上应季水果，享受季节限定的乐趣！

还有，如果在浇满糖浆的海绵蛋糕上抹上罗曼诺夫，撒上可可粉的话，就变成提拉米苏了。

只需将三个容器中的食材混合即可，口感比提拉米苏更轻薄。

罗曼诺夫

材料（4 人份）

< 罗曼诺夫奶油 >

A ｜ 马斯卡彭奶酪·········· 150g
　｜ 蛋黄·················· 1 个

B ｜ 鲜奶油（含脂量约 40%）
　｜ ···················· 300mL
　｜ 白砂糖················ 40g
　｜ 白兰地·············· 1/2 汤匙

C ｜ 蛋白················· 1 个
　｜ 白砂糖················ 5g

< 装盘用 >

　｜ 芒果（或者自己喜欢的水果）
　｜ ···················· 适量
　｜ 可可粉、薄荷·········· 适量

要点

绵软、
轻盈、
醇厚的奶油！

和任何水果
都可以搭配，
可以任意加入
自己喜欢的水果。

撒上可可粉，
提升质感。
可以撒成叉子的形状。

1

在玻璃碗 A 中混合蛋黄和马斯卡彭奶酪。
将蛋黄和马斯卡彭奶酪加入玻璃碗 A 中，用打蛋器搅拌均匀。

2

搅拌至细腻顺滑。
沿碗的边缘以顺时针的方向进行搅拌，一定要搅拌至细腻顺滑。

3

向玻璃碗 B 中倒入鲜奶油和白砂糖。
玻璃碗 B 中加入鲜奶油和白砂糖，注意碗要干净，白砂糖一次性倒入。

4

将鲜奶油打发至出现纹路。
打发时，用打蛋器左右来回碰撞碗壁，手速要快。

5

加入白兰地。
先加入一半的白兰地，搅打均匀，然后加入剩下的白兰地，再次搅打均匀。

6

鲜奶油打发完毕。
提起打蛋器，奶油前端出现直立小三角，就是理想的状态，说明鲜奶油已经打发好了。

7

加入步骤 2 中的混合物。
将步骤 2 中的蛋黄和马斯卡彭奶酪混合物慢慢加入步骤 6 的碗中，轻轻地搅拌均匀，不要再打发。

8

在玻璃碗 C 中打发蛋白。
在一个干净的玻璃碗中加入蛋白，左手将碗倾斜，右手用打蛋器快速打发，很快就会出现细腻的泡沫，这时加入白砂糖。

9

加入白砂糖后继续打发。
倾斜着碗将蛋白充分打发，控制打蛋器左右来回地碰撞碗壁，速度一定要快。

10

一直打发至能出现直立小三角。
打发至如图状态就可以了。提起打蛋器后，碗中的蛋白会出现直立小三角。如果再打发的话就要水油分离了。

11

将蛋白霜加入步骤 7 的玻璃碗中。
现在，将 A、B、C 三个碗中的食材全部混合在一起。

12

轻轻搅拌，注意不要使蛋白霜消泡。
转动玻璃碗，一点点进行混合，用刮刀沿着边缘上下翻拌均匀，注意不要使蛋白霜消泡。

13

罗曼诺夫完成。
制作完毕，看看这近乎奢侈的奶油量！用大勺舀到盘中，再放上切好的芒果，撒上可可粉，放上薄荷叶，一道漂亮的甜品就完成了。

《「LA BETTORA」OCHIAI TSUTOMU NO PERFECT RECIPE》
© Tsutomu Ochiai 2014
All rights reserved.
Original Japanese edition published by KODANSHA LTD.
Publication rights for Simplified Chinese character edition arranged with
KODANSHA LTD. through KODANSHA BEIJING CULTURE LTD.
Beijing, China.

本书由日本讲谈社正式授权，版权所有，未经书面同意，不得
以任何方式作全面或局部翻印、仿制或转载。

著作权合同登记号 图字：01-2019-1893

图书在版编目（CIP）数据

经典意大利菜／〔日〕落合务著；沈佳艳译. —北京：北京科
学技术出版社，2019.8
ISBN 978-7-5714-0392-8

Ⅰ. ①经… Ⅱ. ①落… ②沈… Ⅲ. ①菜谱－意大利
Ⅳ. ①TS972.185.46

中国版本图书馆 CIP 数据核字（2019）第 137825 号

经典意大利菜

作　　者：〔日〕落合务
译　　者：沈佳艳
策划编辑：韩　芳
责任编辑：谭飞菲　宋增艺
图文制作：天露霖
责任印制：张　良
出 版 人：曾庆宇
出版发行：北京科学技术出版社
社　　址：北京西直门南大街16号
邮政编码：100035
电话传真：0086-10-66135495（总编室）
　　　　　0086-10-66113227（发行部）
　　　　　0086-10-66161952（发行部传真）
电子信箱：bjkj@bjkjpress.com
网　　址：www.bkydw.cn
经　　销：新华书店
印　　刷：北京宝隆世纪印刷有限公司
开　　本：720mm×1000mm　1/16
印　　张：8.25
版　　次：2019年8月第1版
印　　次：2019年8月第1次印刷
ISBN 978-7-5714-0392-8/T · 1023

定价：49.00元